# 生物科学馆

［韩］金振国 著　［韩］具润美等 绘　程匀 译

华夏出版社

HUAXIA PUBLISHING HOUSE

图书在版编目（CIP）数据

生物科学馆 / (韩) 金振国著；程勺译. —北京 :华夏出版社, 2016.1
（图画科学馆）
ISBN 978-7-5080-8681-1

Ⅰ.①生… Ⅱ.①金… ②程… Ⅲ.①生物学 – 少儿读物 Ⅳ.①Q–49

中国版本图书馆CIP数据核字(2015)第288069号

## 生物科学馆

作　　者　[韩] 金振国
绘　　画　[韩] 具润美 等
译　　者　程　勺
责任编辑　陈　迪　王占刚
出版发行　华夏出版社

经　　销　新华书店
印　　刷　永清县晔盛亚胶印有限公司
装　　订　永清县晔盛亚胶印有限公司
版　　次　2016年1月北京第1版
　　　　　2016年1月北京第1次印刷
开　　本　710×1000　1/16开
印　　张　22
字　　数　105千字
定　　价　58.00元

华夏出版社　网址: www.hxph.com.cn 地址: 北京市东直门外香河园北里4号 邮编: 100028
若发现本版图书有印装质量问题，请与我社营销中心联系调换。电话：（010）64663331（转）

我是书的小主人

姓名 ....................................................

年级 ....................................................

# 写给小朋友的一封信

嗨，小朋友！

你好！

你是不是也和我一样，一直梦想着当一名科学家呢？你是不是看到生活中的许多现象都不理解，比如说，为什么船能浮在水面上不沉下去？为什么到了冬天水会结成冰？为什么我们长得像爸爸妈妈？为什么我们吃饭的时候挑食不好？这些知识我们怎么知道呢？为了考试看课本太枯燥了，有时候跑去问爸爸妈妈，他们摇摇头解释不清楚，这可怎么办呢？

现在，我们请来了世界闻名的大科学家来回答你的问题，有世界上最聪明的人爱因斯坦老师、被苹果砸到头发现万有引力的牛顿老师、第一位获得诺贝尔奖的女性居里夫人、发明了飞机的莱特兄弟……这些大科学家什么都知道。有什么问题，通通交给他们吧！

亲爱的小朋友，你准备好了吗？让我们一起去欣赏丰富多彩的科学大世界吧！

你的大朋友们

"图画科学馆"编辑部

## 编辑推荐

　　小朋友的科学素养决定着他们未来的生活质量。如何培养孩子们对科学的兴趣，为将来的学习打下良好的基础呢？好奇心是科学的起点，而一本好的科普读物恰恰能通过日常生活中遇到的问题、丰富多彩的画面以及轻松诙谐的语言激发孩子们对科学的好奇心。

　　在"图画科学馆"系列丛书中，我们精心选择了28位世界著名的科学家，请他们来给小朋友们讲述物理、化学、生物、地理四个领域的科学知识。这个系列从孩子的视角出发，用贴近小朋友的语言风格和思维方式，通过书中的小主人公提问和思考，让孩子们在听科学家讲故事的过程中，在轻松有趣的氛围中，不知不觉就学到了物理、生物、化学、地理方面的科学知识，激发孩子们对科学的好奇心和探索精神。

　　让这套有趣的科学图画书陪孩子思考，陪孩子欢笑，陪孩子度过快乐的童年时光吧！

# 目 录

图画
科学馆 生物

# 霍普金斯讲
维生素

# 弗雷德里克·高兰·霍普金斯

（1861—1947）

霍普金斯生于英国，是一位研究生物体体内现象的生物学家。他发现，动物体生存的必要物质除了大家都知道的碳水化合物、脂肪和蛋白质之外，还有一种叫做维生素的营养物质。

他还进一步证明维生素对生物体体内的一系列活动都有着促进的作用。

1929年，霍普金斯凭借"缺乏维生素B$_1$会造成四肢疼痛，并引发脚气病"这一发现获得了诺贝尔生理学或医学奖。

弗雷德里克·高兰·霍普金斯

　　我们日常生活中吃的米饭、喝的汤和炒的菜中都含有人体生长所必需的营养物质。但是，不是说一种食物中就包含了所有营养物质，每种食物所含的营养物质是不同的，所以小朋友们可不要挑食哦！

　　在吃饭的时候，妈妈时常会提醒我们："每种菜都要吃点，这样才能长高个呢！"这就是在提醒我们要均衡营养。

　　下面就让我们和霍普金斯博士一边做好吃的饭菜，一边了解食物中都有哪些营养物质吧！

　　"博士老师，欢迎您的到来！"小俊妈妈高兴地出来迎接霍普金斯博士。

　　"您好！"小俊也和霍普金斯爷爷打了个招呼。

　　"嗯，我听说过你，你就是那个妈妈经常提到的偏食的小俊吧？以后吃饭的时候要争取每样食物都吃些哦！"

　　"可是我不爱吃，怎么咽得下去呢？"

　　"均衡饮食才能长个大高个，身体才会变得结实。要不今天来尝尝我的手艺！我一边做菜，一边给你们讲讲为什么要均衡饮食吧！"霍普金斯博士像妈妈那样围起了围裙。

　　"哇！真的吗？太好啦！"小俊也兴奋地学着博士的样子系上了围裙。

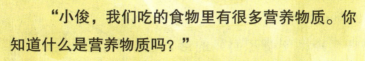

　　"小俊，我们吃的食物里有很多营养物质。你知道什么是营养物质吗？"

　　"嗯……我听过这个词，但是确切的意思我不是太明白。"

　　"营养物质就是我们身体生长所必需的物质。我们一起来看看食物中都包含哪些营养物质吧。"

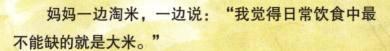

　　妈妈一边淘米，一边说："我觉得日常饮食中最不能缺的就是大米。"

　　霍普金斯博士听了妈妈的话，也点了点头说："大米中含有碳水化合物这种营养物质。碳水化合物大量存贮在大米、大麦、小麦等谷物，以及土豆、红薯和玉米中。小俊喜欢的糖果、巧克力和饼干中也有碳水化合物呢。"

　　"碳水化合物能做些什么呢？"小俊拿起一个土豆，边看边问。

　　"碳水化合物能为人体提供能量。有了能量，小俊学习或运动的时候才会干劲十足。"

　　"嗯，明白了！如果我们不吃饭就会觉得浑身没有力气。"

　　"对！特别是早饭，一定要吃好。如果早上身体里就缺乏碳水化合物，那么一整天人都会没精神。"

　　听了博士这番话，小俊暗下决心，以后早上再也不会为不吃早饭而想方设法找各种借口了。

霍普金斯博士把一条鱼放进烤箱中。

"哦噢，这是我巨讨厌的鱼，我最受不了那种腥腥的味道了。"小俊一边捏着鼻子，一边皱起了眉头。

"鱼里含有大量的蛋白质。其他含有大量蛋白质的食物还有鸡蛋、大豆、鸡肉、贝类。"正在切豆腐的妈妈抬头说，"豆腐也是富含蛋白质的食物，因为它是用豆子磨制后做出来的。"

霍普金斯博士听了妈妈的话，很认可地点了一下头。

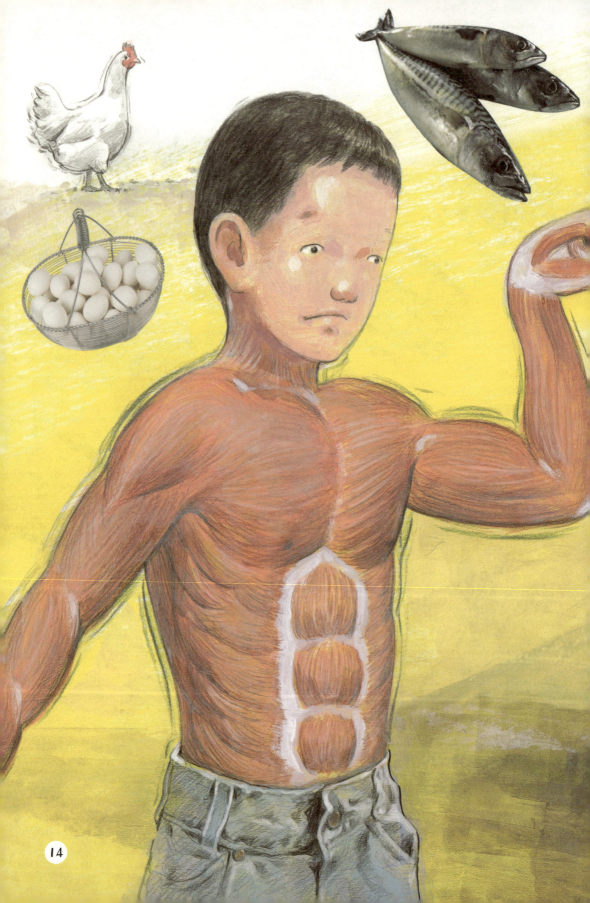

　　霍普金斯博士又开始耐心地介绍蛋白质的功效。

　　"蛋白质是一种人体所必需的重要营养物质。我们的皮肤、手指、脚趾、头发和肌肉的生长都离不开它。"

　　"如果不吃鱼或大豆等富含蛋白质的食物，我会怎么样呢？"

　　"那你的头发肯定会变得没有光泽，而且皮肤会变得粗糙。因为蛋白质是构成血液和肌肉的重要物质。小俊你现在正是长身体的时候，也是最需要蛋白质的时候。"

　　不爱吃鱼和大豆的小俊好后悔啊！他担心自己以后个子长不高。要知道，小俊的理想可是长大后成为像姚明那样的篮球运动员啊！

妈妈把油倒进平底锅里，开始煎豆腐。

"哇，好香啊。博士爷爷，炒菜的油里也有营养物质吗？"小俊抬起头来问霍普金斯。

"当然喽。香油、豆油、白苏籽油里都含有脂肪这种营养物质。此外，核桃、松子、花生等坚果类食物中也含有很多脂肪。"

"脂肪在我们的身体里都做些什么呢？"

"脂肪就像一件皮衣，能够在寒冷的天气里保持我们身体的温度，特别是在冬天，我们就是靠脂肪来战胜严寒的。脂肪还能保护我们体内的心脏、肺和肾等器官。"

## 坚果类食物有益健康

核桃、花生、松子、杏仁等坚果类食物中含有大量对身体有益的脂肪，能起到预防心脏病和提高智力的作用。坚果类食物中还含有调节人体机能的蛋白质、无机盐和维生素等。常吃坚果能预防生疮和肿瘤。

核桃

花生

松子

妈妈把煎好的金黄色的豆腐盛了出来，又往用来蘸豆腐的酱油汁里倒了一滴香油，瞬时间香味弥漫了整间屋子。

"虽然我不喜欢吃大豆、豆腐等含有蛋白质的食物，但我喜欢吃核桃和花生这些含有脂肪的食物。我最喜欢吃油炸虾仁！"

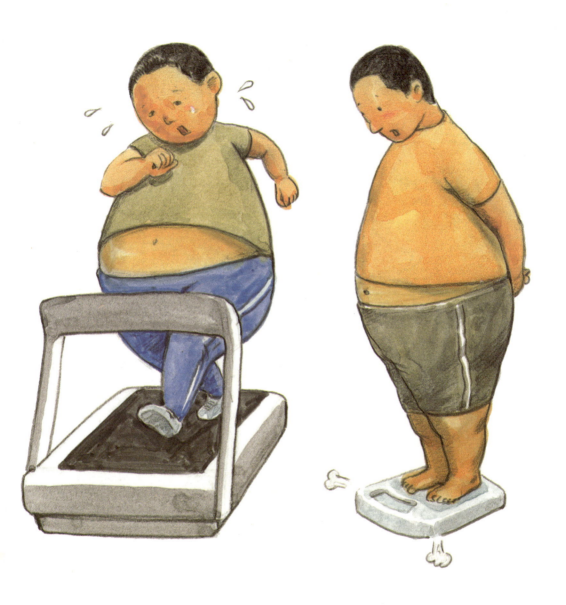

　　霍普金斯博士马上叮嘱小俊："小俊你要注意啊，即使喜欢也不能吃太多含脂肪多的食物，因为摄入过多脂肪会导致肥胖，那样你不仅无法成为篮球运动员，更严重的话还会造成血液不流通，血管堵塞，从而引发更多的疾病。"

# 最好不吃即食食品

哇，今天过生日，餐桌上都是我爱吃的东东！

你是谁？

**1**

而且还添加了让食物看上去更加诱人的各种色素。

可是味道很好啊……

**4**

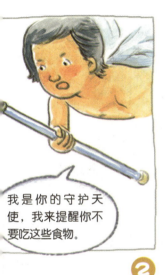

我是你的守护天使，我来提醒你不要吃这些食物。

**2**

为了使食物不变质，即食食品中大都含有食物防腐剂。

哼，那又怎样？

**3**

即食食品会导致肥胖或皮肤病，严重的还会导致癌症。

**5**

谢谢守护天使，我会加油的！

所以从现在开始，吃我给你的这些食物吧。

**6**

煎完豆腐，妈妈又开始准备紫菜包饭了。

小俊和霍普金斯博士一起去后院摘黄瓜。

后院里种着生菜、黄瓜、葱和小西红柿。

"这里真是个维生素园啊！"

"呵呵，真搞笑！明明是菜园，您怎么说是维生素园呢？"

"因为蔬菜和水果里含有丰富的维生素，菜园不就是维生素园吗？告诉你一个小秘密哦，维生素这种物质就是我发现的。"

"真的吗？您是怎么发现的呀？"

"19世纪时，航海远行的船员们很难吃到新鲜的蔬菜和水果。即使出发时储备很多的新鲜蔬菜和水果，过不了几天也都腐烂变质了，所以船上的人只能吃白米饭。时间长了，船员们发现自己的牙龈非常容易出血，常常觉得浑身有气无力，有时甚至会晕倒。所以我想，除了碳水化合物、脂肪和蛋白质外，肯定还存在着一种人体所必需的营养物质。"

　　"我知道了！这种营养物质就是维生素！"

　　小俊拎着装满黄瓜的篮子向厨房走去。

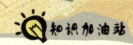

### 维生素可溶于水或油

　　维生素分为水溶性维生素和脂溶性维生素两种。水溶性维生素可在水中溶解，主要有维生素B和维生素C等；脂溶性维生素可在油中溶解，主要有维生素A、D、E等。如果我们身体里缺少维生素$B_1$，就会得脚气病或神经麻痹，严重的还会导致精神疾病。如果缺少维生素A，会导致夜盲症（在光线暗的地方看不清东西）。

　　妈妈先在紫菜上铺了一层米饭，然后再把菠菜、黄瓜、蛋皮等卷在里面，这样，美味的紫菜包饭就做好了。

　　接下来，妈妈把泡好的海带用刀切了几下，放进炒锅里，滴了几滴香油后快速翻炒。

　　"博士老师，海带里都有哪些营养物质呢？"

　　"海生植物如海带、裙带菜和紫菜中都含有一种叫做无机盐的营养物质。鱼和鸡蛋里也有无机盐。"

　　妈妈将海带翻炒了几下，又放了些红蛤在锅里，然后加上水煮开。

"无机盐中包含一种非常重要的营养物质——钙。你知道哪些食物中含有丰富的钙吗？"

　　"我知道，牛奶和鳀鱼里有很多钙。奶奶的身子骨不太好，老爱腿疼，所以上次妈妈让我给奶奶带了好多牛奶和鳀鱼做的小菜，说是给奶奶多补补钙。"

　　妈妈摸着小俊的头说："是啊，无机盐能使骨骼和牙齿更加强健，增加肌肉力量，还能防止伤口出血过多。"

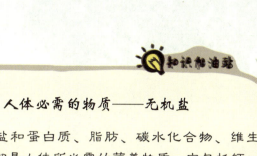

## 人体必需的物质——无机盐

　　无机盐和蛋白质、脂肪、碳水化合物、维生素一样，都是人体所必需的营养物质。它包括钙、钾、钠、镁、铁、铜、锌等微量元素。缺钙会导致骨质疏松，容易骨折，并且骨折后不容易痊愈；缺钾会导致肌肉麻痹；缺铁或铜会引起贫血和眩晕。

牛奶

29

　　"在厨房里做饭真热啊，博士请喝杯水吧。"

　　霍普金斯博士喝完水，放下杯子说："水也是人体不可缺少的营养物质。人体中水的含量达到70%以上，通过食物摄取的营养物质需要通过水才能输送到我们全身。身体内的废物通过小便或汗液排出体外，也是水的功劳。"

　　"那我们一天要喝多少水呢？"

　　"人体每天通过小便或汗液排出体外的水分大概有两公升，所以我们至少也要喝两公升水才行。"

香喷喷的饭菜终于准备好了。

妈妈、小俊和霍普金斯博士围坐在了餐桌旁。

小俊夹了一筷子鱼肉放在米饭上，说："我在吃碳水化合物和蛋白质。"接着他又喝了一勺海带汤，满足地说，"这一口把无机盐、蛋白质和脂肪都吃到肚子里了。"

霍普金斯博士和妈妈听后大笑不已。

"哎呀，多亏了霍普金斯博士！现在看来，小俊以后吃饭不会再挑食了。这不，他都已经学会平衡营养了呢。"

三个人津津有味地吃着精心制作的饭菜，感觉真是好极了。

# 中国美食的传说

中国的饮食文化博大精深，许多传统名菜或者小吃背后都有一段故事或者传说，这些流传至今的故事给我们的美食蒙上了一层传奇色彩。

## 西安牛羊肉泡馍

牛羊肉泡馍是土生土长的西安美食。俗话说得好，到西安，看秦始皇兵马俑，品羊肉泡馍。陕西的羊肉泡馍得名不仅是因为好吃，还和一位皇帝有关呢。

　　相传，宋太祖赵匡胤在没有当上皇帝前，生活贫困。一天在他流落长安（今西安市）街头时，身上只剩下两块干馍。路边有一位羊肉铺店主让他把馍掰碎，浇了一勺滚烫的羊肉汤给他把馍泡了泡。赵匡胤大口吃了起来，吃得全身发热，立刻不饿也不冷了。

　　后来，赵匡胤当了北宋的开国皇帝。有一次他出巡长安，路过当年那家羊肉铺，于是下令停车，命店主做一碗和当年一样的羊肉汤泡馍。店主灵机一动，将未发酵的面烙的饼子掰得碎碎的，浇上羊肉汤又煮了煮，放上几大片羊肉，精心配好调料，然后端给了皇上。赵匡胤吃后大加赞赏。这事不胫而走，传遍长安，特意赶来吃羊肉汤泡馍的人越来越多，一道长安的独特风味食品就流传开来了。

# 中国的传统节日与传统饮食

俗话说，"民以食为天"。中国人对饮食方面颇有研究，早就有"食不厌精，脍不厌细"之说。传统节日中的特色饮食，便是将中国的文化精髓发挥到了淋漓尽致的地步。

### 粽子和屈原的故事

进入初夏后，第一个重要的节日就是农历五月初五的端午节，在这一天必不可少的食品便是粽子。传说这一天是为了纪念伟大的爱国诗人屈原。

公元前340年，爱国诗人、楚国大夫屈原，面临亡国之痛，在五月五日悲愤地怀抱大石投入了汩罗江。传说屈原投江后，汩罗江附近的渔民闻讯立即驾渔舟赶来抢救。这里的人民担心屈原的遗体被鱼吃掉，就用竹筒装米丢在水里，让鱼去吃，免得伤害屈原的尸体。东汉初年(公元1世纪)，长沙有个叫殴回的人，白天睡觉时梦见屈原对他说："听说你要来祭我，我很感谢你。可是，每年大家投在水中的祭米都被

蛟龙抢走吃了。希望你用楝树叶把竹筒塞好，外面用五色丝线缠起来，因为蛟龙怕这些东西。"殴回就照他的话去做。这大概就是五月五日——端午节家家户户都包粽子的由来。

一直到今天，每年五月初，中国百姓家家都要浸糯米、洗粽叶、包粽子，其花色品种繁多。从馅料看，北方多包小枣的枣粽；南方则有豆沙、鲜肉、火腿、蛋黄等多种馅料。吃粽子的风俗，在中国流传了千百年，而且还流传到朝鲜、日本及东南亚诸国。

# 我们通过吃饭来获取营养

通过前面的阅读，我们了解到了食物对身体所起到的作用。仔细想想，我们肚子饿的时候和吃饱的时候，身体都有哪些不同？

能量就是我们做事时需要的力量。通过食物摄取的能量不但能使我们正常地走路、跳跃、运动，也可以保障身体维持血液循环、呼吸、体温等基本生命体特征。

## 吃饭才会有力气

我们在饿的时候，肚子会咕噜咕噜地叫，整个人也会变得有气无力。吃饭以后，我们身体有力气了，心情也变好了。就像汽车需要汽油一样，人要想有力气，也需要食物，因为食物里含有人体所必需的各种营养物质。我们通过食物摄取的营养为人体提供能量，保证我们正常的呼吸、消化和运动，维持一定的体温。一个成年人一天大概需要摄取2000~2500卡路里的能量。

### 食物中含有的营养物质

碳水化合物、蛋白质、脂肪、无机盐、维生素和水是人体所必需的六大营养物质。碳水化合物为人体提供能量；脂肪除了提供能量外，还能在皮下形成皮下脂肪，维持人体体温恒定；蛋白质是构成人体组织的重要成分，皮肤、肌肉、头发都是由蛋白质构成的；维生素和无机盐可以调节人体机能，因为它们无法储存在体内，所以人体每天都需要摄取一定量的维生素和无机盐；人体的70%都是水，它起到维持正常循环和排泄的作用。

### 均衡饮食很重要

可以作为主食的碳水化合物有很多，如面包、白薯、土豆或水果。肉、鱼、蛋、豆类、豆腐等食物中含有大量的蛋白质。肉、鱼、黄油、奶酪、牛奶、花生含有丰富的脂肪。虽然维生素的需求量不大，但是它们起着调节人体机能的重要作用。维生素C大量存在于蔬菜和水果中，牛奶和胡萝卜里则含有丰富的维生素A，此外，鱼、蛋、牛奶里还含有大量的维生素D。钙、铁、钠等物质叫做无机盐，牛奶和鳗鱼里含有很多钙质，鸡蛋黄、牛肉、牛肝中则有着丰富的铁元素。

脂肪

黄油

碳水化合物

面包　　米饭

维生素和无机盐

蔬菜　　水果

钙

奶酪　　牛奶　　　　鱼

蛋白质

豆子　　鸡肉　　牛肉　　　鸡蛋

人体所必需的各种营养物质及食品

# 认识一下维生素大家族吧！

### 维生素A（视黄醇）——眼睛的朋友

功能：与视觉有关，并能维持黏膜正常功能，调节皮肤状态。帮助人体生长和组织修补，对眼睛保健很重要，能抵御细菌以免感染，保护上皮组织健康，促进骨骼与牙齿发育。

缺乏症：夜盲症、眼球干燥、皮肤干燥。

主要食物来源：胡萝卜、绿叶蔬菜、蛋黄及动物肝脏。

### 维生素B₁（硫胺素）——抗脚气病营养素

功能：强化神经系统，保证心脏正常活动。促进碳水化合物的新陈代谢，能维护神经系统健康，稳定食欲，刺激生长以及保持良好的肌肉状况。

缺乏症：情绪低落、肠胃不适、手脚麻木、脚气病。

主要食物来源：糙米、豆类、牛奶、家禽。

## 维生素B$_2$（核黄素）

功能：维持眼睛视力，防止白内障，维持口腔及消化道黏膜的健康。促进碳水化合物、脂肪与蛋白质的新陈代谢，并有助于形成抗体及红细胞，维持细胞呼吸。

缺乏症：嘴角开裂、溃疡，口腔内黏膜发炎，眼睛易疲劳。

主要食物来源：动物肝脏、瘦肉、酵母、大豆、米糠及绿叶蔬菜。

### 维生素B₆

功能：保持身体及精神系统正常工作，维持体内钠、钾成分的平衡，制造红细胞。调节体液，增进神经和骨骼肌肉系统正常功能，是天然的利尿剂。

缺乏症：贫血、抽筋、头痛、呕吐、暗疮。

主要食物来源：瘦肉、果仁、糙米、绿叶蔬菜、香蕉。

### 维生素B₉（叶酸）——来自绿叶的营养素

功能：制造红细胞及白细胞，增强免疫能力。

缺乏症：舌头红肿、贫血、消化不良、疲劳、头发变白，记忆力衰退。

主要食物来源：蔬菜、肉、酵母等。

### 维生素C（抗坏血酸）

功能：对抗游离基、有助于防癌；降低胆固醇，加强身体免疫力，防止坏血病。

缺乏症：牙龈出血，牙齿脱落；毛细血管脆弱，伤口愈合缓慢，皮下出血等。

主要食物来源：水果（特别是橙类）、绿色蔬菜、番茄、马铃薯等。

### 维生素D——壮骨的卫士

功能：协助钙离子运输，帮助小孩牙齿及骨骼发育；补充成人骨骼所需要的钙质，防止骨质疏松。

缺乏症：小孩软骨病、食欲不振、腹泻等。

主要食物来源：鱼肝油、奶制品、蛋。

### 维生素E（生育酚）——保持青春的营养素

功能：抗氧化，有助于防癌。

缺乏症：红细胞受破坏、神经受损害、营养性肌肉萎缩等。

主要食物来源：植物油、深绿色蔬菜、牛奶、蛋、动物肝脏、麦、果仁。

### 维生素K——止血的大功臣

功能：与凝血作用相关，许多凝血因子的合成与维生素K有关。

缺乏症：体内不正常出血。

主要食物来源：卷心菜、菜花、西兰花、蛋黄、动物肝脏、稞麦等。

# 蔬菜和水果里都有些什么呢？

　　蔬菜和水果里含有大量的维生素和无机盐，所以我们应该尽量多吃些当季的蔬菜和水果。让我们来看看蔬菜和水果里到底含有哪些物质吧！

**请准备下列物品：**

黄瓜　苹果　芹菜　　橘子　胡萝卜　梨　《食物手册》

**一起来动手：**

1.把各种蔬菜和水果放到托盘里。

2.将托盘里的食物分类，蔬菜放一堆，水果放一堆。

3.配合《食物手册》，了解每样蔬菜和水果的特点。

**1** 把各种蔬菜和水果放到托盘里。

**2** 将托盘里的食物分类，蔬菜放一堆，水果放一堆。

**3** 配合《食物手册》，了解每样蔬菜和水果的特点。

**实验结果**：

我们吃蔬菜主要吃它们的叶、茎、根部分，比如黄瓜、芹菜或胡萝卜。我们吃的水果主要是植物的果实，比如苹果、橘子、梨等。

 **为什么会这样？**

蔬菜的种类非常多，我们吃白菜和生菜是吃它们的叶子，竹笋和大葱是茎的部位，萝卜、土豆和牛蒡是根，黄瓜、南瓜和辣椒等是果实。很多味道甘甜、香气扑鼻的水果都是植物的果实，比如苹果、梨、橘子、柿子、桃子、杏、葡萄等。

# 胡克 讲

# 细胞

罗伯特·胡克

# 罗伯特·胡克

## （1635—1703）

胡克出生在英国威特岛。1665年，他用自己制作的显微镜观察到了许多像长方形小房间一样的微小生物，也就是我们今天所说的细胞。虽然他发现的细胞因时间过长已经死亡，但他的这一发现为后来的科学家研究细胞作出了巨大的贡献。

　　小朋友们知道吗？我们的身体是由无数个细胞组成的。

　　我们家中养的小狗、鱼缸里的金鱼、花园里盛开的玫瑰、菜园里种的土豆也都是由细胞组成的。

　　细胞是构成生物的最小单位，可是它太小了，所以我们用肉眼无法看到。

　　有一位叫胡克的生物学家，发明了显微镜，并通过显微镜发现了细胞。

你想知道更多关于胡克和细胞的故事吗？

小朋友们好！

首先自我介绍一下哦。

我是第一个发现细胞的人，我叫胡克。

今天我给大家讲讲细胞的故事。

"最近你的个子长得好快，去年的衣服都穿不下了呢！"

大家是不是经常听到妈妈说类似的话？

我小时候就经常听到妈妈这样说。

小鸡刚出生时只有拳头那么大，后来会越长越大；一粒豆子大小的种子渐渐会长成参天大树。所有生物都会随着时间的推移越长越大。

那么正在看书的你是怎么长大的呢？

小鸡是怎样长成大公鸡，种子又是如何长成大树的呢？

其实，成长的秘密就在于细胞数的增加。

也就是说，生物的成长意味着细胞数量的增加。

细胞是构成生物体的基本单位。

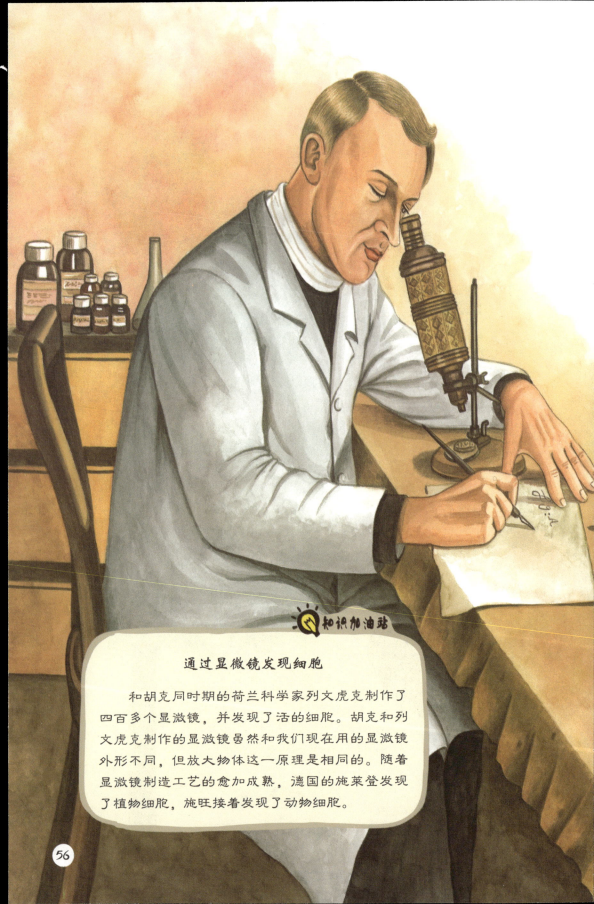

### 通过显微镜发现细胞

　　和胡克同时期的荷兰科学家列文虎克制作了四百多个显微镜，并发现了活的细胞。胡克和列文虎克制作的显微镜虽然和我们现在用的显微镜外形不同，但放大物体这一原理是相同的。随着显微镜制造工艺的愈加成熟，德国的施莱登发现了植物细胞，施旺接着发现了动物细胞。

大家用过显微镜吗？

我曾经把所有能用显微镜看的物体都放在显微镜底下看了个遍。

有一天我把葡萄酒瓶的软木塞放到显微镜下观察，发现软木塞是由无数个小"房间"组成的。我给这些小"房间"起名叫细胞。

然而事实上，我看到的只是在软木塞里已经死亡的细胞的细胞壁而已。

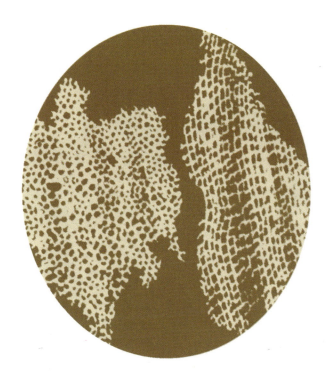

胡克用显微镜观察到的软木塞的细胞

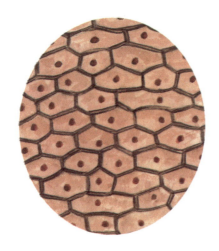

洋葱的表皮细胞

孔边细胞

构成生物体的细胞长什么样?

生物的种类不同,细胞的样子和大小也不同。看看这些细胞你就会明白啦!

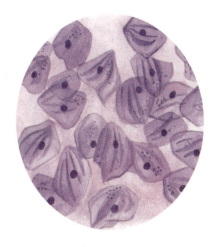

口中的上皮细胞

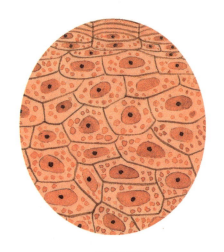

皮肤细胞

　　每种生物的细胞都各不相同，而且细胞的外形与生物所处的地点也有关。

　　洋葱的表皮细胞像蜂巢一样，是呈六角形的；植物叶子上的孔边细胞则是两个细胞呈半月形叠在一起的；人嘴里的上皮细胞是圆形的；对身体起保护作用的皮肤细胞则密密麻麻重叠了许多层；负责看、听、闻、尝和传递触感的神经细胞则像线一样又细又长。

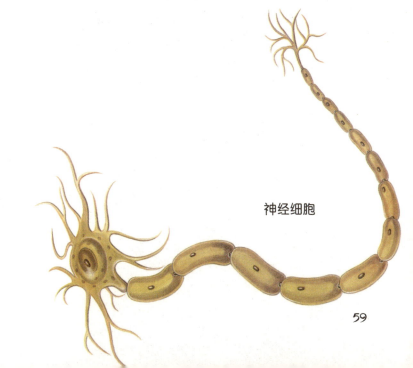

神经细胞

大部分的细胞非常小，需要用显微镜观察，但有的细胞体积比较大，用肉眼就能看到。

青蛙卵和鸡蛋等蛋类，每一个卵或蛋就是一个细胞。

要说最大的动物蛋，要属鸵鸟蛋了，它也是最大的细胞。

虽然河马看起来很大，蚂蚁体型很小，但它们的细胞大小却基本一样，不同的只是细胞数量而已。河马的细胞数要比蚂蚁多很多。

变形虫

眼虫

鞭毛

### 知识加油站

**单细胞动物利用纤毛和鞭毛移动**

  单细胞动物利用像鞭子一样细长的鞭毛移动，有的则利用密密麻麻短小的纤毛移动。眼虫就是用鞭毛移动的动物，草履虫则利用纤毛移动。变形虫与前两位不同，它是利用伪足移动的动物，在移动时它们的动作非常有趣。

变形虫、草履虫、眼虫、硅藻、细菌都是由单个细胞构成的生物。

这种生物叫做单细胞生物。

单细胞生物虽然看起来非常小，但也是一个鲜活的生命体。

单个细胞内也有各种功能结构，它可以自己移动，进食，生存下去。

你可别小瞧它们哦！虽然它们看起来很小，但却是地球上最早出现的生物，这些物种从远古时代一直存活到现在。

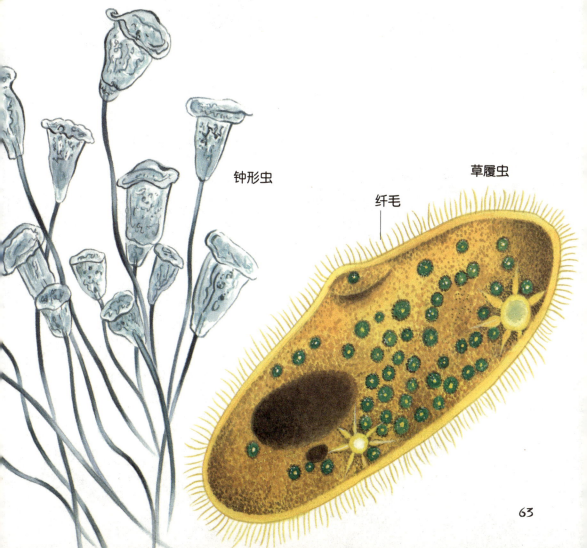

钟形虫

纤毛

草履虫

我们肉眼能看到的生物大部分都是由多个细胞组成的，比如人、大象、鸟、蚂蚁、蜜蜂等动物，以及玫瑰、草等植物。

人体大约由60万亿个细胞组成。

像我们人类这样由很多细胞组成的生物叫做多细胞生物。

单细胞生物会慢慢进化成多细胞生物。

那么我们身体里的细胞都能做些什么呢？

我们体内的细胞有着不同的种类，它们的样子和功能也各不相同。

细胞们负责接收、传递信息，并完成各自的任务。

骨细胞负责制造骨骼，肌肉细胞负责制造肌肉。

血液细胞分为红细胞、白细胞和血小板。红细胞负责将氧气输送到身体各处；白细胞负责吞食进入身体的有害病菌；血小板起到止血的作用。

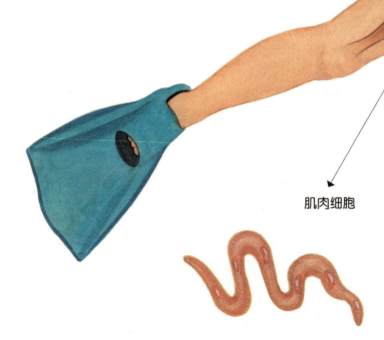

肌肉细胞

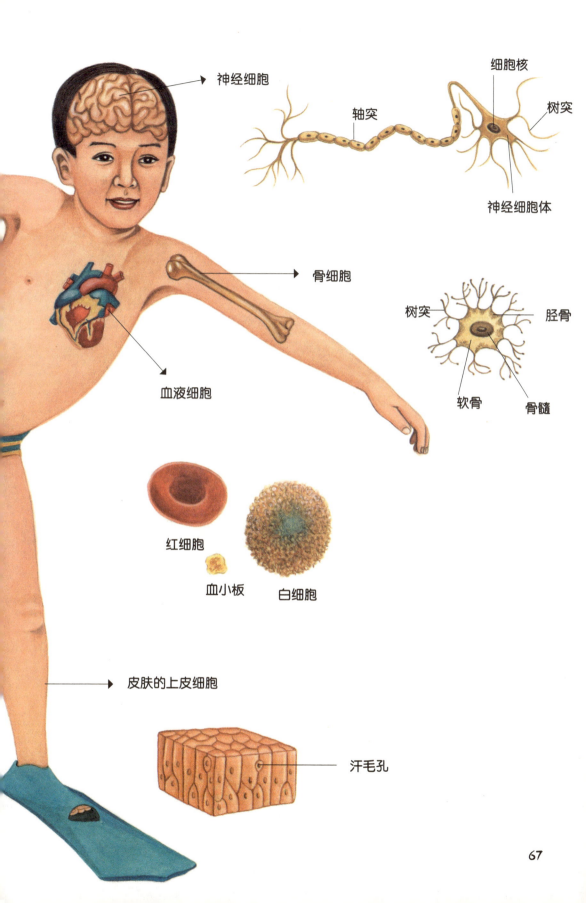

神经细胞

细胞核

轴突

树突

神经细胞体

骨细胞

树突

胫骨

软骨

骨髓

血液细胞

红细胞

血小板

白细胞

皮肤的上皮细胞

汗毛孔

我们人体内的细胞大约有200多种。

那些功能相同的细胞有序地聚集在一起，就形成了我们所说的组织。

多个组织在一起又构成了心脏、肝脏、胃、肾脏、血管、皮肤等器官。

这些器官共同构成了我们的身体。

细胞存活一段时间会死亡，需要有新的细胞来补充，所以人的一生需要不停地制造新细胞。

器官（帮助消化的器官：肝脏）

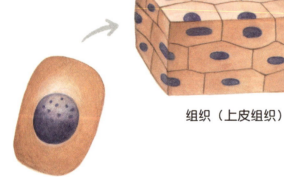

组织（上皮组织）

细胞（上皮细胞）

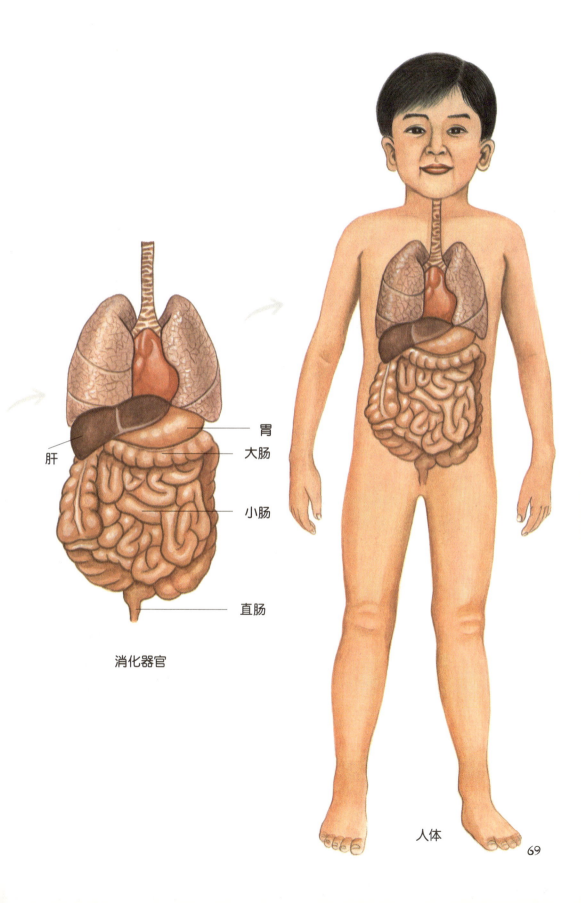

肝

胃
大肠
小肠
直肠

消化器官

人体

69

我们体内的新细胞是怎样生成的呢？

细胞分裂后，细胞数量会增加。

1个细胞分裂为2个，2个细胞分裂成4个，4个细胞分裂成8个。

这种细胞数量增加的过程我们称它为细胞分裂。

但是细胞不是无止境分裂下去的。

脆弱的细胞死亡，新细胞生成，这样细胞数才能保持稳定。

受精卵

2-细胞期

4-细胞期

青蛙

蝌蚪

这是从卵到蝌蚪到青蛙的生长过程。青蛙受精卵最初不断分裂的过程叫卵裂。

胞胚期

8-细胞期

# 生物随着细胞数的不断增加而长大

小月亮都长这么大啦?

姨妈,我的小月亮可爱吧?

嗯,不过现在它的细胞数增加了不少,没有小时候那么可爱了。

小月亮的细胞数增加了?

我的意思是小月亮现在长大了。生物体随着细胞数的不断增加而变大。

哦，原来是这个意思啊。那小月亮的细胞数不断增加，会不会长成大象那么大啊？

**③**

呵呵，不会的。等你的小月亮成年后，它的细胞数就不会增加了，就像我们人一样，长成大人以后个头就不会再长啦。

**④**

原来如此。不过在我眼里，小月亮和它小时候一样可爱呢。

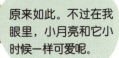

呵呵，姨妈也这么觉得。

**⑤**

构成生物体的细胞分为两大类，也就是动物细胞和植物细胞。
动物细胞和植物细胞的结构相似，都有细胞核、细胞质和细胞膜。
动物细胞和植物细胞的中央都有细胞核，核四周有细胞质。
细胞质内有内质网、线粒体、核糖体、高尔基体等细胞器。
细胞质被薄薄的细胞膜包裹。

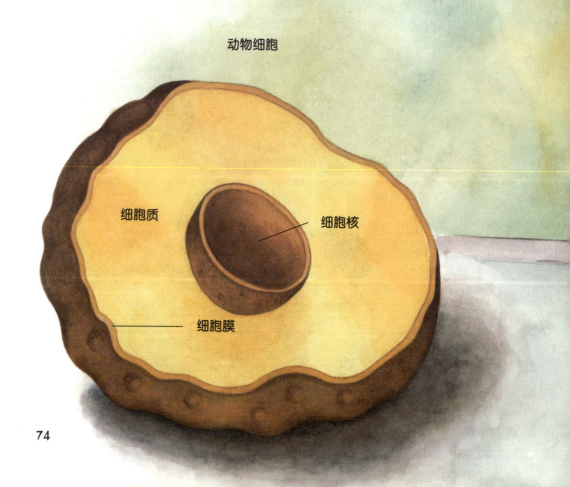

动物细胞

细胞质

细胞核

细胞膜

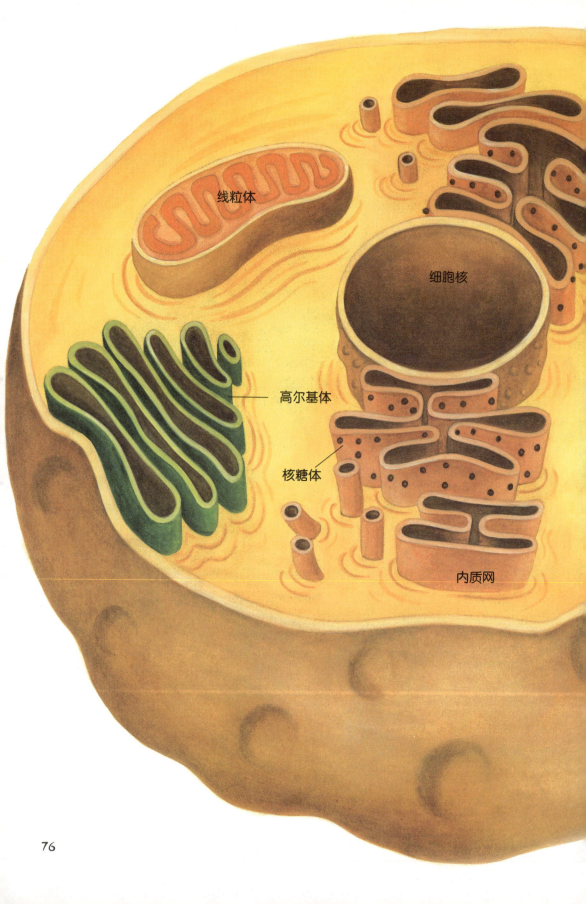

线粒体

细胞核

高尔基体

核糖体

内质网

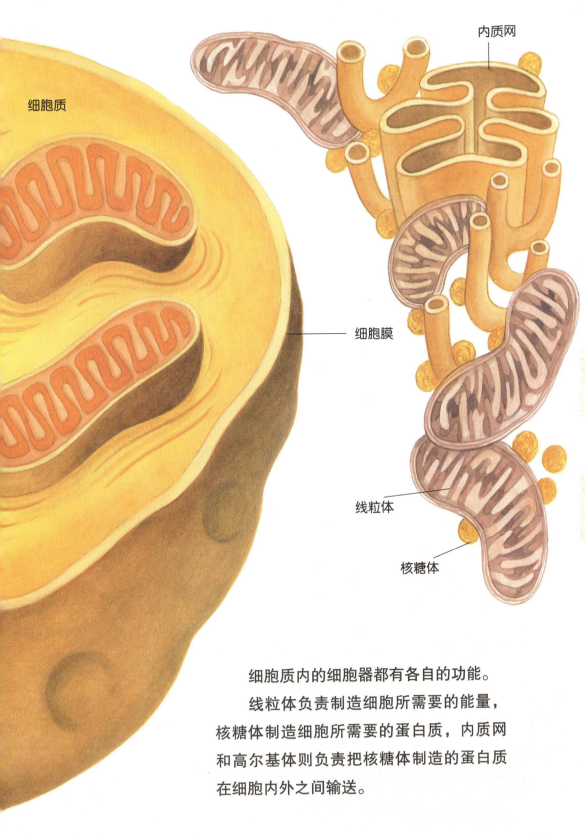

细胞质

内质网

细胞膜

线粒体

核糖体

细胞质内的细胞器都有各自的功能。

线粒体负责制造细胞所需要的能量，核糖体制造细胞所需要的蛋白质，内质网和高尔基体则负责把核糖体制造的蛋白质在细胞内外之间输送。

植物细胞有动物细胞所没有的叶绿体、细胞壁和巨大的液泡。

叶绿体长得像一个圆盘。植物从叶绿体中获得养分。

细胞壁包裹着细胞膜，起到保护细胞的作用。

树木之所以能够直立地生长，可都是包裹着细胞膜的细胞壁的功劳哦。

液泡是聚集老废物质和水分的地方。

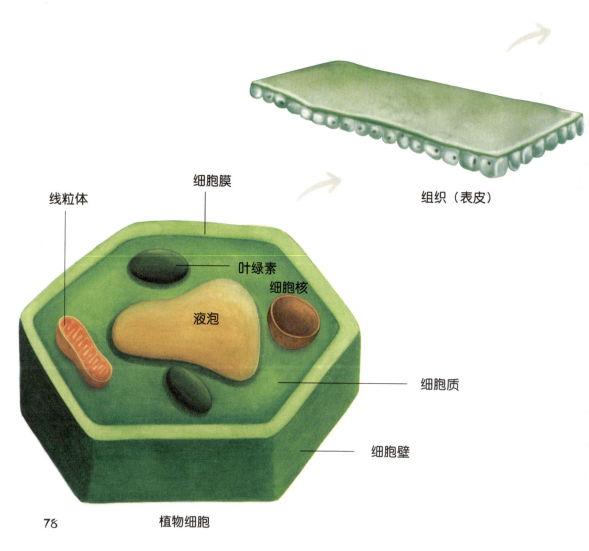

组织（表皮）

线粒体

细胞膜

叶绿素

细胞核

液泡

细胞质

细胞壁

植物细胞

器官（叶）

样子相近、功能相似的细胞聚在一起构成了组织。

多个组织又构成了叶子和茎等器官，最后就形成了我们经常看到的路边的大树了。

个体（树）

79

施莱登

列文虎克

施旺

关于细胞的故事，今天就讲到这里。

现在，身体是怎么长大的，大家都知道了吗？

我最初发现的细胞其实不过是一个已经死亡的细胞的细胞壁，但后来的科学家们以我的发现为基础继续研究，终于发现了更多关于细胞的秘密。

希望大家也能成为像他们一样伟大的科学家！

再见！

# 最初的生命体是细菌

虽然人类还无法得知地球上最早的生命体是何时诞生的，但科学家们认为，40亿年前出现在地球上的细菌算得上是地球上最早出现的生命体了。从小小的细菌开始到现在，地球上的生物种类不断增加。细菌到底是什么样的生物呢？

## 细菌是单细胞动物

细菌是由一个细胞组成的单细胞动物。它自己不能制造养分，需要寄居在泥土、水、空气、动物或人体内生活。细菌的生命力非常顽强，能适应其他生物无法生存的各种恶劣环境，比如火山爆发时滚烫的泥土，或是南极的冰山。也许地球灭亡了，细菌也不会消失。

### 细菌导致疾病

细菌非常非常小，小到我们人类用肉眼无法看到，所以它能轻易地通过人体的呼吸道或食道进入人体内，并迅速繁殖。虽然大部分细菌进入人体后，不会给我们造成任何危害，但有些种类的细菌是可以让我们生病的。比如咽喉炎，这就是名为链球菌的细菌进入人的喉部导致的。还有的细菌有可能引起肺炎、结核、龋齿或食物中毒等疾病。

通过空气或食物进入人体内的细菌会快速繁殖，从而导致咽喉炎、肺炎、结核、龋齿等各种疾病。

# 通过细胞治病

　　我们的身体是由无数个细胞组成的。在无数个细胞中，有一种还未成熟的细胞，叫做干细胞。干细胞有可能分化成骨骼细胞、肌肉细胞或是皮肤细胞等多种细胞。科学家们正在研究利用干细胞治疗多种人体疾病的方法。

## 用胚胎干细胞治疗疾病

　　胚胎是卵子和精子相遇后形成的生命体的最基本的细胞。胚胎细胞长大后形成胚囊。胚囊会形成骨骼、肌肉、心脏、皮肤等器官，最终会成长为一个生命体。

　　由于胚囊是尚未定型的细胞，还不知道会成长为何种细胞，所以将它切割、培养后，可以帮助其他受损或被病菌感染的细胞再生。这个细胞就是胚胎干细胞。

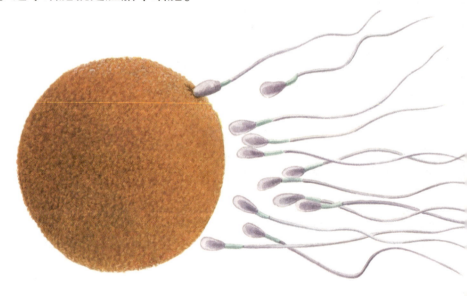

卵子和精子结合成为受精卵。
从受精卵长大形成的胚囊中可以获得胚胎干细胞。

从自身皮肤或骨髓中提取的成体干细胞可以用于治疗疾病。

## 成体干细胞可从皮肤或骨髓中提取

在我们的身体里，细胞老化死亡和新细胞诞生是一个循环往复的过程。促使新细胞不断生成的就是成体干细胞。人们最熟悉的成体干细胞的一大功能，就是能够自我更新和分化形成某种组织的细胞，但是最近的研究表明，在其他组织中获取的成体干细胞也能制造出肌肉细胞或神经细胞。因此，现在人们可以从患者的皮肤、骨髓或脐带血中提取成体干细胞来治疗疾病。

# 细胞越多，个子长得越高

人到了一定的年纪，身体会逐渐发生变化，比如个子会变矮，身体会发福，或是长出皱纹。那么动物和植物随着时间的流逝会发生哪些变化呢？

如果皮肤细胞受损，我们体内流淌的红细胞和白细胞就会凝结在一起，从而避免伤口处流出更多的血。

## 细胞的诞生与死亡

出生时构成我们身体的细胞会一直跟随我们，直到我们死去的那一天吗？答案是否定的。出生时构成我们身体的细胞不可能伴随我们一辈子。构成人体的细胞有着不同的种类和存活的时间。

细胞生成和死亡是一个不断循环的过程。细胞膜受损，细胞就会死亡。比如走路时不小心摔倒，蹭破了膝盖，那么皮肤细胞的细胞膜就会受损，细胞也就随之死亡了。此外，随着时间的推移，细胞核内的染色体也会逐渐衰老。所以人老了以后，力气会越来越小，脸上还会长出皱纹。

随着时间的流逝，细胞核内的染色体会逐渐磨损，细胞也会逐渐老化。

## 细胞死后会排出体外

构成身体的细胞能存活多久呢？胃细胞只能活几天，因为胃分泌出的消化液酸性非常强，细胞们坚持不了多久就死去了。皮肤细胞可以存活一个月左右。皮肤细胞死亡后，皮肤上会产生白色的物质，如果用手搓还会搓出泥，这些泥就是死亡的细胞。我们在洗澡后皮肤会变得干净光滑，就是因为我们在搓澡时把死亡的细胞都搓掉了。神经细胞不会再生，所以我们要特别注意头部和手、脚的安全，以免伤到神经细胞。

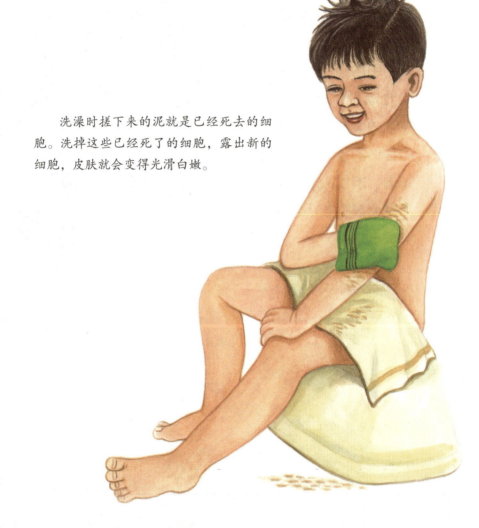

洗澡时搓下来的泥就是已经死去的细胞。洗掉这些已经死了的细胞，露出新的细胞，皮肤就会变得光滑白嫩。

我们吃的食物是长身体的必要保障。

### 血液为细胞提供养分

　　人类通过呼吸和进食来维持生命。血液通过我们呼吸的空气和吃的食物来制造养分，并输送至全身的细胞中。获得养分的细胞有着各自的"任务"——骨细胞负责长个子；皮肤细胞负责保持皮肤光滑；肌肉细胞能保证我们的身体结实，有力量。

# 为什么叶子在秋天会变黄或者变红呢？

春天和夏天的时候，大树的叶子总是绿绿的，那是因为叶子里含有一种叫叶绿素的东西。叶绿素的作用可大啦！它能把太阳光加工成"粮食"。叶子的细胞中源源不断地产生新的叶

绿素，来代替老了的叶绿素。

秋天一到，寒冷的风刮来，温度骤然下降。叶子抵抗不住秋天的寒冷与干燥，就慢慢丧失了生产叶绿素的能力。叶绿素慢慢老了，然后死掉了，叶子的绿色也就消失了。可是叶子里还存有大量的类胡萝卜素，一听这名儿，你就能猜出来，它的颜色就像胡萝卜那样黄，所以，秋天的时候许多叶子是黄色的。而有些叶子在绿色褪掉后，却产生了大量的花青素，花青素是一种红色的色素，结果可想而知，叶子就变成了红色的。

到了秋天的时候，小朋友们可以留心观察一下山上的叶子，有橙色的，有黄色的，也有红色的。山上的叶子总比山下的叶子红得早。这是因为，山上白天和夜晚的温度差异大，山上的叶子里的糖分就积累得多一些，产生的红色花青素就比较多，所以山上的叶子比山下的红得早一些。

# 列文虎克和他的微观世界

罗伯特·胡克最早在显微镜下发现了生物的细胞结构，而列文虎克用他自制的显微镜发现了人类从来没有见过的奇妙的微生物世界。他的观察记录里描述了许多微生物，特别有趣，我们一起来看看吧！

"大量难以置信的各种不同的、极小的'狄尔肯'。它们活动相当优美，它们来回地转动，向前、向左右转动……""一个粗糙沙粒中有100万个这种小东西；而在一滴水中，'狄尔肯'不仅能够生长良好，而且能活跃地繁殖——能够寄生大约270多万个'狄尔肯'。""狄尔肯"在拉丁语中是"细小活泼的物体"的意思，这就是后来人们常说的微生物。

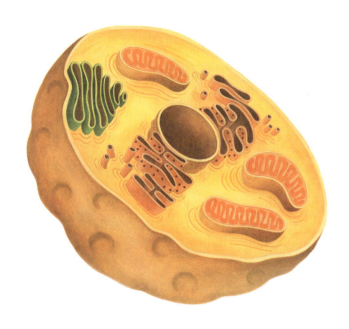

　　1675年，雨水成了列文虎克的观察对象，他在记录中写着："我用了4天的时间，观察雨水中的小生物。让我很感兴趣的是，这些小生物是直接用肉眼所看到的东西的万分之一。这些小生物在运动的时候，头部会伸出两只小角，并不断地动来动去。如果把这些小生物放在蛆的旁边，蛆就像是一匹高头大马，小生物就好像是旁边一只小小的蜜蜂。"雨水中的小生物其实就是原生动物。

　　1683年，列文虎克又有了新的关注对象——牙垢。他发现人的口腔中竟然躲藏着许多"小动物"，它们像蛇一样用优美的弯曲姿势运动着。他惊叹地记录道："在人的口腔的牙垢中生活的动物，比整个荷兰王国的居民还要多。"这就是人类第一次观察到细菌时发出的感叹。

# 细胞长什么样?

细胞非常小，小到我们用肉眼根本看不到，但是细胞内部却有很多种细胞器，比如细胞核、线粒体和核糖体。细胞是构成生物体的基本单位，外形都是相似的。我们不妨自己制作一个细胞的模型，通过模型来了解细胞的各个细胞器吧。

**请准备下列物品：**

各种颜色的粘土    塑料刀    圆珠笔和小棍子

**一起来动手：**

1.确定细胞核、细胞质、线粒体、细胞膜等细胞器分别用什么颜色的粘土来表示。

2.将粘土揉成一个薄片作为细胞质，然后再分别制作细胞核、线粒体、核糖体和内质网。

3.在细胞质外面围一个圈，当做细胞膜，这样一个动物细胞就完成了。

4.如果想做一个植物细胞，再多做液泡、叶绿体和细胞壁几个模型就可以了。

1 确定细胞核、细胞质、线粒体、细胞膜等细胞器分别用什么颜色的粘土来表示。

2 将粘土揉成一个薄片作为细胞质，然后再分别制作细胞核、线粒体、核糖体和内质网。

3 在细胞质外面围一个圈，当做细胞膜，这样一个动物细胞就完成了。

4 如果想做一个植物细胞，再多做液泡、叶绿体和细胞壁几个模型就可以了。

**实验结果：**

动物细胞由细胞核、细胞质和细胞膜组成。细胞质中含有线粒体、核糖体、内质网和高尔基体等细胞器。植物细胞还含有液泡、叶绿体和细胞壁。

动物细胞　　　　植物细胞

 **为什么会这样？**

细胞核是动物细胞和植物细胞的中心。细胞核内的染色体中含有一幅"设计图"，这张图可以决定动物或植物的长相和其他特征。在动物细胞中，细胞膜包裹着细胞质；在植物细胞中，细胞壁包裹着细胞膜，细胞质内还有液泡和叶绿体。

# 卡尔文讲光合作用

# 梅尔文·卡尔文

## （1911-1997）

　　卡尔文出生在美国明尼苏达州圣保罗。他发现了光合作用，也就是植物的叶绿素如何利用阳光、水和空气中的二氧化碳来制造养分的过程，也是植物利用阳光制造养分和生存所必需的能量的过程。卡尔文因发现光合作用获得了1961年的诺贝尔化学奖。

梅尔文·卡尔文

生物生存需要能量。

不管是我们人类，还是动物或植物，要想获得能量，必须要得到足够的养分。

我们通过饮食来获得养分，而植物呢，是通过阳光来获取养分的。

植物自身制造养分的过程，我们叫做光合作用。

发现光合作用的人就是我们这本故事书的主人公卡尔文博士。

让我们和卡尔文博士一起来了解植物通过阳光制造养分的整个过程吧！

　　小金星和爸爸妈妈一起去乡下的奶奶家玩儿。

　　森林里的小树们在微风的吹拂下翩翩起舞，小鸟们站在树枝上快乐地歌唱。

　　小金星拿着捕知了的小网朝森林里走去。

　　森林里的石竹花开得正艳，橡树上结满了还未成熟的橡子。

　　小金星走着走着，忽然遇到了一位陌生的老爷爷。

　　"老爷爷好！您是谁啊？"

　　"我是研究植物的卡尔文。"卡尔文博士高兴地和小金星打招呼。

　　小金星也微笑着礼貌回应："您好，我是小金星。"

　　"老爷爷，您是来旅行的吗？"小金星打量着卡尔文博士的着装猜测道。

　　"是啊，外面天气好热，我是来森林里避暑的。没想到在这里遇见了小金星哦。"卡尔文博士摘下了帽子，擦了把汗说，"坐在树荫下感觉真是凉爽啊。"

　　小金星点点头说："唉，要是每天都下雨就好了！"

　　卡尔文博士听后笑着说："那可不行！只有在阳光的照耀下，树木才能茁壮生长，石竹花才会盛开。你看，橡树上还结了那么多果子呢。"

104

　　"哦，我明白了。这么说，只要有阳光的地方，树就长得好？"小金星问正在树下休息的卡尔文博士。

　　"对，因为植物能利用阳光制造能量。"

　　"那植物有阳光就够了吗？"小金星歪着头问。

　　"当然不是啦！除了阳光，植物还需要水。如果没有阳光和水，植物全都会死掉的。"

　　小金星越听越迷糊了。

“博士爷爷，我每天都吃饭，吃完饭才有力气。奶奶家养的小狗也是，每天都要吃狗粮，我们家养的金鱼每天都要我喂鱼食。可是植物却不需要吃什么，只要阳光和水就能活啊？”小金星好奇地追问。

“对呀，植物可能干了！它们能通过阳光、水和二氧化碳自己制造养分。即使不给它们吃东西，它们也能通过自己制造的养分来长树叶、结果子。你知道吗？植物利用阳光、水和二氧化碳制造养分的过程就叫做光合作用。”

　　路边鲜花朵朵盛开，小蜜蜂和蝴蝶忙碌着采集花蜜。卡尔文博士指着路边的一朵有蜜蜂和蝴蝶停在上面的红花说："植物是由花、叶、茎、根组成的。不同的植物，它们的根、茎、叶、花也长得各不相同，比如石竹花和橡树就长得不一样。"

　　"是不是就像我和弟弟虽然是亲姐弟，但长相也不同是一个道理？"

　　"太对了，虽然植物的样子各不相同，但它们都要进行光合作用。"

109

导管

筛管

水 ＋ 二氧化碳 ＋ 阳光 ＋ 氧气

养分

二氧化碳

110

小金星眨着大眼睛问："那光合作用在植物的哪里进行呢？"

"在植物叶子上的叶绿体里进行。叶绿体中含有叶绿素这种绿色的色素，利用它可以生成养分并制造出氧气。"

"人要是肚子饿的时候也能通过阳光制造养分就好了。"

"哈哈，小金星的想法很好啊！不过这样的话，你就没机会吃到自己喜欢的食物了哦。"卡尔文博士看着小金星，大声地笑着说道。

氧气

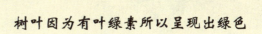

### 知识加油站

**树叶因为有叶绿素所以呈现出绿色**

植物在含有叶绿素的叶绿体里进行光合作用。叶绿体主要集中在叶子上。叶绿素被阳光照射后会呈现出绿色，所以进行光合作用的草和树叶都是绿色的。

导管

小金星好奇地拿起一片叶子，仔细地观察着。

"进行光合作用所需要的水是从哪儿来的呢？"

"根会从地底下吸水呀。根吸收的水通过茎里的导管传递到叶子里。"

"导管？导管是什么？"

"导管是水经过的路。它就像一根又细又长的水管，上下有洞，水可以由此通过。"

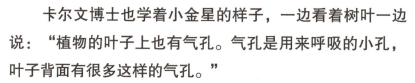

　　卡尔文博士也学着小金星的样子，一边看着树叶一边说："植物的叶子上也有气孔。气孔是用来呼吸的小孔，叶子背面有很多这样的气孔。"

　　"什么？植物也要呼吸啊？"小金星听到植物也会呼吸，惊讶地睁大了眼睛。

　　"当然喽，植物通过气孔吸入二氧化碳，然后把经过光合作用产生的氧气呼出去。"

　　小金星终于明白了，原来是导管和气孔帮助植物获得进行光合作用所需要的水和二氧化碳的。

气孔放大后的样子

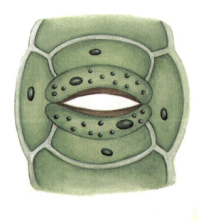

氧气

二氧化碳

115

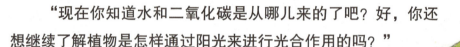

　　"现在你知道水和二氧化碳是从哪儿来的了吧？好，你还想继续了解植物是怎样通过阳光来进行光合作用的吗？"

　　小金星马上跑到了卡尔文博士身边。

　　"叶子在阳光的照射下，利用水和二氧化碳制造出葡萄糖。葡萄糖转化成淀粉，在叶面上储存。叶面上的淀粉通过筛管传递到茎和根等地方。"

　　"导管是水经过的路，那筛管就是养分经过的路吧？"

　　"没错。植物白天制造出的养分，晚上通过筛管传递到植物的各个部分。"

养分（淀粉）

筛管

　　"光合作用制造的养分都用在什么地方呢？"小金星问卡尔
文博士。

　　"首先用于植物生长，其次还会储存在茎、根和果实中。"

　　"储存养分？"

　　"对，不过每种植物储存养分的地方各不相同。土豆和洋葱
把养分储存在茎里，红薯和萝卜储存在根里，稻子、小麦、苹果
和玉米则储存在果实中。"

119

# 我们吃的是植物储存的养分

> 舅舅，红薯真是太好吃了。

> 红薯进行光合作用后，将养分储存在根里，我们吃的就是红薯的根。

> 红薯的根里都储存了哪些营养呢？

❶

> 我们人类好坏啊，专吃人家储存的养分。

> 哈哈，是啊。

❷

　　"光合作用不仅对植物非常重要，对动物也很重要啊。因为动物自己不会制造养分，所以它们只能以进行光合作用的植物或者其他动物为食物，从中获取养分。"

　　小金星好像没听懂，歪着头一脸茫然地看着卡尔文博士。

　　"我给你举个例子吧。蚱蜢吃稻子，青蛙又吃蚱蜢，蛇又把青蛙吃掉，老鹰又会吃掉蛇。也就是说进行光合作用的植物和以植物为食的动物都是某些动物的食物。"

"还有一个原因也能说明光合作用对动物来说非常重要。"

小金星竖起耳朵仔细听着。

"我刚才不是说过，植物进行光合作用时吸入二氧化碳，呼出氧气吗？我们人类呼吸时，吸入的却是植物进行光合作用后释放的氧气，呼出的是二氧化碳。森林里的空气之所以这么新鲜，就是因为树木们吐出了大量的氧气。"

"嗯，这里的空气真的很干净。"

小金星和卡尔文博士一起，大口呼吸着清新的空气。

### 让我们一起洗个森林浴

在森林里呼吸着新鲜清新的空气，或是在森林里散步，都可以称为森林浴。森林浴最好在早上进行，因为白天树木们进行光合作用，会吐出大量的氧气。呼吸时要深深地吸气，然后再慢慢地吐气。

125

二氧化碳

　　"博士爷爷，我还有一个问题。树木们晚上也呼吸吗？"

　　"当然啦，它们晚上也要呼吸。不过白天它们吸入二氧化碳，呼出氧气，晚上却吸入氧气，吐出二氧化碳，所以白天的空气比晚上的要好。"

氧气

氧气

二氧化碳

127

"小金星，爷爷给你讲的故事有意思吗？"

"嗯，太有趣啦！我今天学到了好多知识，比如植物怎么呼吸，光合作用是怎么回事，光合作用生成的氧气对我们有哪些好处等。真是太感谢您了！"

小金星向卡尔文博士深深地鞠了一个躬。

"现在我要继续旅行了。小金星，再见啦！"

很遗憾，小金星不得不和卡尔文博士告别了。微风吹拂下，树枝不停地哗哗作响，仿佛也在和卡尔文博士挥手再见。

# 通过垃圾获取能源

　　我们可以利用石油或煤炭来获得能源，但在燃烧石油或煤炭的过程中，会产生污染环境的有害物质。所以，现在的人们都在努力，想要制造出对环境无害的能源。让我们一起来看看都有哪些方法能制造出可以代替石油或煤炭，还不会污染环境的能源吧。

秸秆

杂草

## 用秸秆和家畜的粪便制造化肥

　　很久以前，人们将秸秆、落叶、杂草、家畜的粪便放在窝棚里发酵，制成化肥，然后用它们来浇灌植物。这些化肥中含有水分、氮、磷、钾等物质，非常有利于植物的生长。把泥土和化肥搅拌在一起有利于空气流通和水分的渗入，可以让土壤更加肥沃。

　　沼气是树木、叶子、家畜的粪便等腐败发酵后产生的气体。沼气可以代替石油或煤炭，成为制造能源的原料。

家畜的粪便

食品垃圾

## 垃圾场变成大公园

北京市的南海子曾是北京城南最大的湿地。新中国成立后，这里成为著名的南郊农场，后来随着城市的快速发展，这里逐渐沦落为垃圾场。2009年，北京市政府对垃圾场进行了还原改造。如今，这块地方已经成为京城最大的湿地公园——南海子公园。这里占地3700多亩，有450多亩的碧蓝水面、20万株的乔灌木，成为市民们休闲观光的理想去处。

# 叶子越大，光合作用越强

　　植物的类型多种多样，高度也是各不相同，根茎有粗有细，枝条有多有少，叶子有圆有尖。通过光合作用制造养分的植物，高度越高、叶子越大，就能接受到越多的阳光。那么，你可能要问了，低矮的植物怎么生存呢？

### 高度高、叶面大的植物能获得更多阳光

　　高的树木能"沐浴"到更多的阳光。叶面大，阳光照射到的面积就越大，当然就能制造出更多的养分。

　　那么，那些矮小、叶面也不大的植物怎么办呢？

　　它们会穿插生长在大树之间，从大树的缝隙间获得阳光，顽强地生长。

叶子越大，叶面越大，就能接收到更多的阳光，制造出更多的养分。

## 两棵树合二为一进行光合作用

　　如果在一定面积内栽种的树木比较密集，那么这些树木就会为了占领更大的地盘而发生"争斗"。但是时间长了之后，它们也会找到和谐共存的方法。如果两棵树的距离非常近，它们就会逐渐合并长成一棵树，这种现象叫做连理。

# 植物自己制造养分

下面，我们继续了解植物的叶子进行光合作用的过程，包括植物利用阳光制造养分的过程、阳光和温度对光合作用的影响、保护植物的必要性，等等。

氧气

二氧化碳

## 光合作用对所有生物来说都是必要的

植物利用阳光、水和二氧化碳进行光合作用，吸入二氧化碳，呼出氧气。植物把光合作用制造出的有机物储藏在叶面上，通过筛管输送到根茎中。植物被兔子或牛等草食动物吃掉，而狮子或老鹰等肉食动物又会把食草动物吃掉。

人类呼吸时吸入植物制造的氧气，然后呼出二氧化碳。草食动物以进行光合作用的植物为食，肉食动物则以草食动物为食，这就是生物链。

## 阳光越强烈，光合作用越活跃

光合作用会受到温度的影响。当温度达到35度时，光合作用最为活跃。因此夏天比冬天更有利于光合作用的进行。空气中掺杂的二氧化碳越多，阳光越强烈，光合作用就越活跃。但是当二氧化碳的含量和阳光照射量达到一定程度时，光合作用的量就不再增加了。

走进树木茂盛的森林，会感到空气特别清新。这是因为草木茂盛的地方光合作用会非常活跃，有利于空气的净化。

## 保护植物有利于净化空气

看到绿色的植物或颜色鲜艳的花朵，我们的心情会变得非常好。植物不但具有观赏性，还能制造出人类所必需的氧气。它还是动物赖以生存的食物。如果这个世界上没有植物，动物可能都消失了。如果空气中的二氧化碳增多，氧气减少，人类也将无法呼吸。因此，保护植物就是保护我们人类自己。

137

名人故事

# 世界森林日和中国的植树节

　　"世界森林日"，又被译为"世界林业节"，英文是"World Forest Day"。1972年3月21日是第一个"世界森林日"。中国的植树节是3月12日。越来越多的人热衷于植树活动，但是，有很多人缺乏专业的知识和技术，植树活动中种的树很多都没有活下来，所以，我们要学习一下专业合理的栽种过程，让我们在春天种下的小树苗能够健康成长，变成一棵棵参天大树。

　　下面我们就教给大家植树的方法和步骤：

　　挖坑：根据树苗的大小，确定坑的大小（树坑大概长约50厘米、宽约50厘米、深约80厘米），确保树的根部能被坑容下即可。用铁锹挖坑就行，尽可能选择土壤厚的地方，控制好坑的距

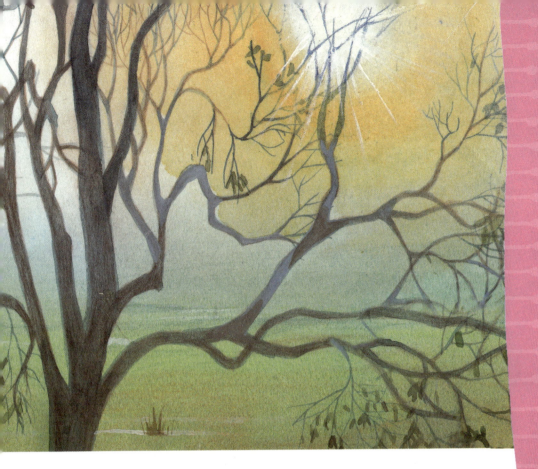

离，每个坑不要挨得太近，防止树苗长大后阳光不充足。

放树苗：手握树干，将树苗放置在坑的中部，保证树干是直的。注意保护好树根，并且要把树根完全放入坑中。

第一次填土：从树苗四周用铁锹将土均匀地填上，大约填到和坑面一样高。

浇水：填好土之后，需要给树苗浇水，尽量把所填的土浇透。

第二次填土：将有树苗的坑土填满或者高出两三厘米，如果有条件，最好在树周围铺上一层树叶或草之类的覆盖物，这样可以减少水分蒸发，屏蔽杂草的生长。

还有一点必须注意，在刮大风的天气不适合种树，因为树苗的根遇到大风会被吹干，容易造成死苗。正确的方法应该选择在阴天、无风或小雨的情况下植树。

# 早睡早起身体好，晨练时间有科学

晨练是个好习惯，清早出去运动一下不仅能强身健体，还能陶冶情操，让一天都有好心情。有人认为，晨练应该越早越好，因为时间越早空气越好，所以天不亮就出门了。但有关专家指出，晨练并非越早越好。

研究表明，夏季空气污染物在早晨六点前非常不易扩散，是污染的高峰期。人们都喜欢在草坪、树林、花丛等长着绿色植物的地方进行晨练，而日出之前，植物没有光合作用，所以不仅没有产生多少新鲜的氧气，反而积存了大量的二氧化碳，这对人体健康是不利的。所以夏季晨练的时间不宜早于六点。

　　那么冬天什么时间锻炼最好呢？研究表明，冬天的早晨空气污染最严重，只有等太阳出来地表温度升高后，有害气体才能升高向空中散去。而且，秋冬日出前气温非常低，这时外出锻炼，很容易得感冒。

　　因此，秋冬季节，最合适的晨练时间应该是九点以后。此时气温开始上升，我们可以一边晒太阳，一边锻炼，一举两得。或者，我们选择下午四五点钟去公园锻炼，公园里的树木进行了一天光合作用，空气中都是新鲜的氧气，最适合锻炼啦！

实验室

## 植物通过光合作用
## 能制造出什么物质呢？

活着的生物都需要养分。人类通过食物来获取养分，动物通过吃植物或者其他动物来获取养分，那么植物呢？植物与人类和动物不同，它们能够通过阳光、水和二氧化碳自己来制造养分。下面让我们一起做个实验，看看植物是如何利用阳光制造出养分的吧。

### 请准备下列物品：

植物　　锡纸　　酒精　　碘酒溶液　小量杯　大量杯　　碟子

### 一起来动手：

1.实验前一天，用锡纸将植物叶子的一部分包起来，放在太阳底下。

2.第二天，将锡纸取下，把叶子泡在装有酒精的小量杯里。把小量杯放在装有水的大量杯里，用酒精炉将水加热。

3.将叶子取出，放在水里清洗一下，然后放进装有碘酒稀释溶液的碟子中进行观察。

注意：请在父母的帮助下使用酒精。

实验前一天，用锡纸将植物叶子的一部分包起来，放在太阳底下。

第二天，将锡纸取下，把叶子泡在装有酒精的小量杯里。把小量杯放在装有水的大量杯里，用酒精炉将水加热。

将叶子取出，放在水里清洗一下，然后放进装有碘酒稀释溶液的碟子中进行观察。

**实验结果：**

叶子没有被锡纸包裹过的部分变成了蓝色，被锡纸包裹的部分颜色没有任何变化。

 **为什么会这样？**

如果在碘酒溶液中放入淀粉类物质，溶液就会变色。在实验中，露在锡纸外面的叶面受到阳光的照射，淀粉被储藏在叶面中，而被锡纸裹住的部分晒不到太阳光，无法储藏淀粉，所以放在碘酒溶液中时，未被锡纸包裹住的部分变成蓝色，被锡纸包裹住的部分不变色。

# 巴甫洛夫 讲

# 感觉

# 巴甫洛夫·伊凡·彼德罗维奇

## （1849—1936）

巴甫洛夫出生在俄罗斯的一个叫梁赞的小城。他通过实验发现，如果给狗喂食前响铃，时间久了以后即便没有食物，狗听到铃声也会分泌唾液。随后他又发现了人类的动作与大脑之间的关系，并于1904年获得了诺贝尔生理学或医学奖。

巴甫洛夫·伊凡·彼德罗维奇

我们在看见美丽的花朵，闻到甜美的花香，吃到美味的食物时，心情都会变得特别好。

我们坐在舒适的椅子上听着动听的音乐，也会感到平和、安静。

正是因为我们有眼睛、耳朵、鼻子、嘴巴和皮肤，才能看到美丽的花朵，听到美妙的音乐，闻到甜美的花香，品尝到美味的食物，感受和触摸到物体。

如果你想知道更多关于感觉的故事，让我们去问问这方面的专家——巴甫洛夫吧。

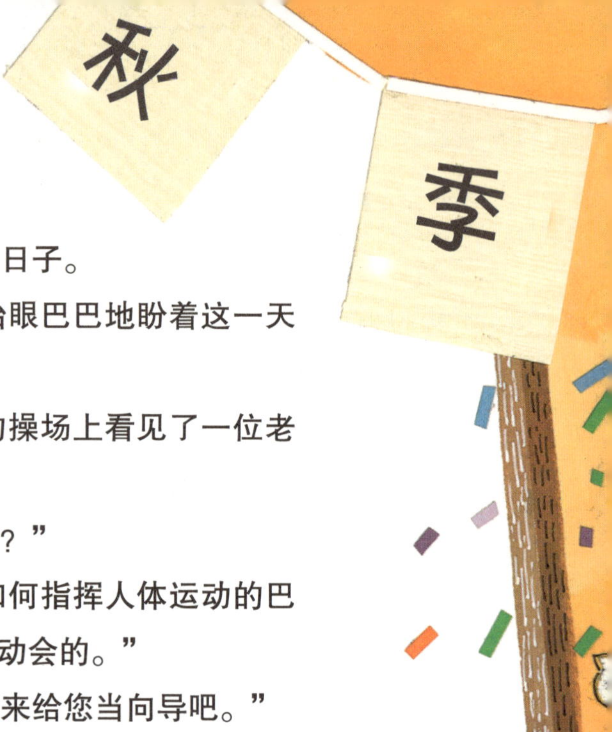

秋

季

今天是学校开运动会的日子。

好几天前，明明就开始眼巴巴地盼着这一天的到来了。

突然间，明明在喧闹的操场上看见了一位老爷爷。

"爷爷，请问您是谁呀？"

"我是专门研究大脑如何指挥人体运动的巴甫洛夫。今天我是来参观运动会的。"

"太好了！欢迎您，我来给您当向导吧。"

149

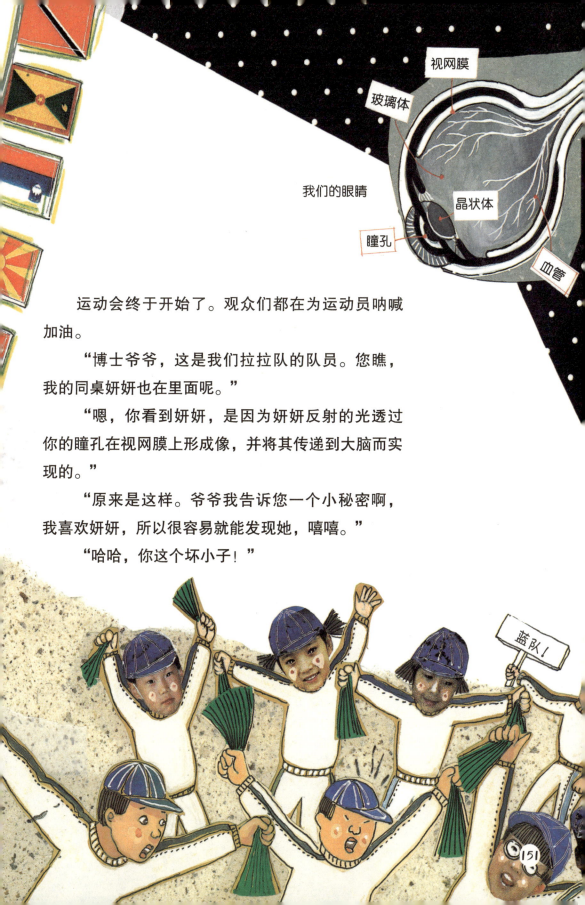

视网膜

玻璃体

我们的眼睛

晶状体

瞳孔

血管

运动会终于开始了。观众们都在为运动员呐喊加油。

"博士爷爷，这是我们拉拉队的队员。您瞧，我的同桌妍妍也在里面呢。"

"嗯，你看到妍妍，是因为妍妍反射的光透过你的瞳孔在视网膜上形成像，并将其传递到大脑而实现的。"

"原来是这样。爷爷我告诉您一个小秘密啊，我喜欢妍妍，所以很容易就能发现她，嘻嘻。"

"哈哈，你这个坏小子！"

蓝队！

151

半规管

听觉神经

耳郭

耳蜗

鼓膜

我们的耳朵

知识加油站

**耳朵帮助我们保持身体平衡**

耳朵不但能让我们听见声音，还能起到维持身体平衡的作用，确保我们在过独木桥时不会左摇右晃，或者原地转圈时不会摔倒。

"博士爷爷，赛跑就要开始了，咱们一起过去看看吧。"

砰的一声枪响，跑步比赛开始了。

"发令枪的声音振动空气，然后传递至鼓膜，鼓膜振动，我们就听到声音了。"

"所以说，必须有空气我们才能听见声音，是这样吧？"

"没错。空气起到传递声音的作用。"

孩子们参加完跑步比赛，又坐在操场上玩起了土。

"石头又大又硬，沙子倒是挺软的。"

"好了，大家别玩了，准备吃饭吧！"老师对孩子们说。

孩子们纷纷跑到洗手池边洗手，准备吃饭了。

"哇，洗手的水暖暖的，好舒服啊。"

"软硬和冷暖这些感觉都是通过皮肤来感觉到的。"

第三

第二

154 第一

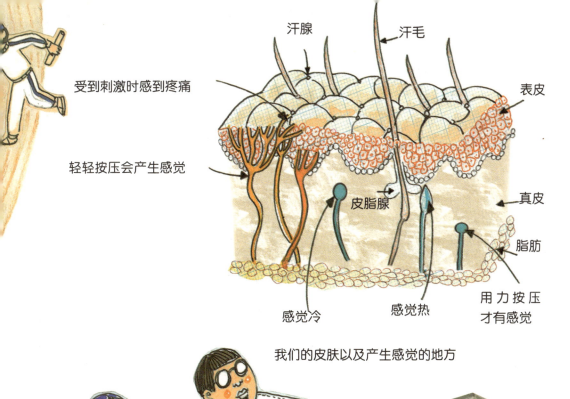

受到刺激时感到疼痛

轻轻按压会产生感觉

汗腺

汗毛

表皮

真皮

皮脂腺

脂肪

感觉冷

感觉热

用力按压
才有感觉

我们的皮肤以及产生感觉的地方

我们的鼻子

嗅觉神经

鼻子内部

鼻孔

比萨

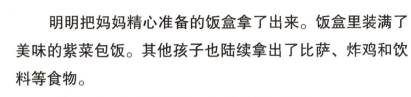

明明把妈妈精心准备的饭盒拿了出来。饭盒里装满了美味的紫菜包饭。其他孩子也陆续拿出了比萨、炸鸡和饮料等食物。

"哇，真香。"明明一边闻着饭一边说。

"看来明明的嗅觉细胞受到刺激，并且已经将信号传递到了大脑啦。"博士爷爷说。

孩子们津津有味地享用着午餐。

舌头感觉味道的各个区域

"可乐太甜了。"明明放下手中的可乐杯子说。

"我们的舌头上有很多小的凸起的部分，它们承担着品尝味道的任务。"

"博士爷爷，紫菜包饭里面的腌萝卜好酸哦。"

"舌头既能感觉到甜味，也能感觉到酸味、咸味和苦味。舌头的每个部分感觉到的味道都不一样。舌头前部用来感受甜味，而苦味是由舌头最里面的部分负责，这样我们才能感觉到各种不同的味道。"

苦　　咸

酸　　甜

159

咕噜噜

160

路过的同学看见比萨，禁不住咽了一口口水。

"吃不到比萨就馋得流口水啦？"

孩子们都被逗得哈哈大笑。

"看到好吃的食物，嘴里就会不自觉地分泌唾液，这是因为大脑中有这些食物味道的记忆。我每次给小狗喂食前都会先摇铃铛，所以到后来，小狗只要听到铃声就会流口水。这就是条件反射。"

丁零零

　　"要是我刚才比赛时听到铃声马上起跑就好了。"起跑比别人慢了一大截的英浩垂头丧气地说。

　　"运动神经迟钝是因为大脑从眼睛和耳朵获得信号，没能及时对身体发出指令。也就是说，接到铃声信号的大脑对腿部发出'快点起跑'的命令迟了些，所以你才得了最后一名。"巴甫洛夫对闷闷不乐的英浩说，"不过运动神经可以通过练习来改善，你一点都不用担心。"

　　听到这里，英浩的眉头立刻舒展开了。

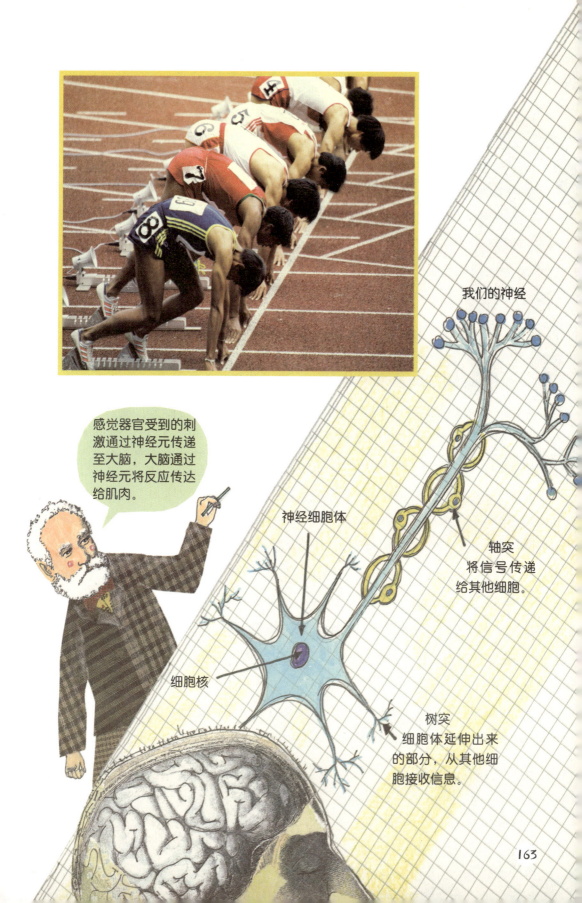

我们的神经

感觉器官受到的刺激通过神经元传递至大脑，大脑通过神经元将反应传达给肌肉。

神经细胞体

轴突
将信号传递给其他细胞。

细胞核

树突
细胞体延伸出来的部分，从其他细胞接收信息。

163

啊，我的腿不自觉地就翘起来了！

好疼啊！

💡知识加油站

**用小锤子敲击膝盖，腿会不自觉抬起**

用小锤子轻轻敲击膝盖，腿部会自动抬起，这与非条件反射有关。踩到扎脚的东西马上抬腿，或是咀嚼食物时分泌唾液，都属于非条件反射。鼻孔里进了东西引起打喷嚏同样也是非条件反射的一种。

164

"当我们的身体遇到危险时，它会采取一些自我保护的措施。这时即使没有大脑的指挥，身体也会作出一些反应，这就是非条件反射。比如，当你想拿一块很烫的炸鸡腿时，手刚一碰到鸡腿，就会不自觉地往后缩。"

　　身体会自己躲避危险，明明觉得这太神奇了。

啊，好烫！

明明向巴甫洛夫介绍自己的朋友："博士爷爷，他是小宇，他的口才很好，字写得也漂亮。"

"小宇，很高兴认识你。口才好，字又写得漂亮，看来你的左脑很发达啊。明明，你擅长什么呢？"

"我画画好，弹奏乐器也很在行。"

"嗯，明明的右脑很发达。大脑分为左脑和右脑，左脑负责逻辑和计算，右脑负责和感情、感觉相关的事情。"

实验中

右脑

左脑

a o e i u v
a o e i u v
a o e i u v

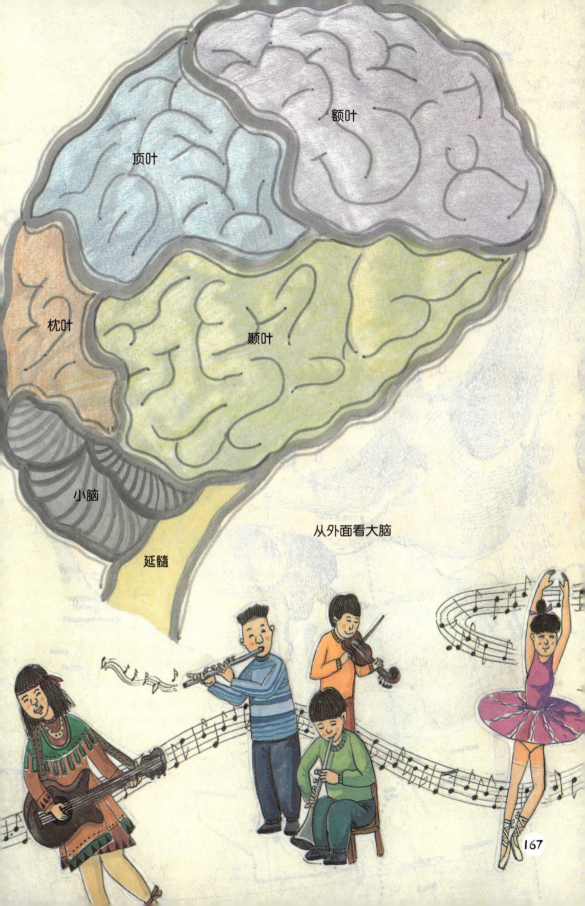

额叶

顶叶

枕叶

颞叶

小脑

延髓

从外面看大脑

167

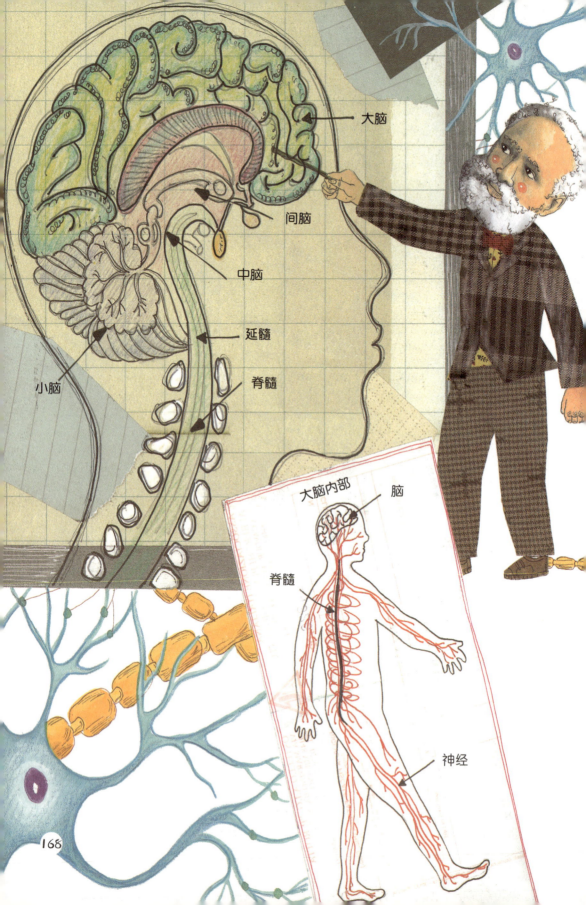

大脑

间脑

中脑

延髓

脊髓

小脑

大脑内部

脑

脊髓

神经

168

"我以为左右脑做的事情都一样，没想到它们也有分工。"

"脑部分为大脑、中脑、小脑和间脑。大脑占绝大部分，负责思考、记忆和计算。"

"大脑就把所有事情都做了吧？"

"当然不是。中脑负责眼球的移动，或是调节眼睛接收外部光线的量；小脑负责身体的平衡；间脑负责调节体温。"

"博士爷爷，我好像特别笨。同学的电话号码转头就忘，有时候还会忘记和别人的约会。"小宇说着说着都快哭出来了。

"几秒钟的时间大脑能够记住7个左右的数字或文字，反复多看几次能延长记忆的时间。"

对不起，我忘了和你约好了。

奶奶家

　　"可是去年搬走的朋友长什么样子我却记得很清楚呢。"

　　"我也记得每年暑假去奶奶家玩的情景。"

　　小宇和明明想起了很久以前的事。

　　"对呀！因为你去过很多次奶奶家，加深了记忆，所以即便过了很长时间也不会忘。印象深刻的人或事也会在大脑中停留更长时间。我们的脑容量非常大，可以装下很多东西。"

# 吃早饭，记忆佳

默写你都写对了？记忆力真好啊。

我每天都睡懒觉，根本没时间吃早饭。即使吃也只挑爱吃的，不喜欢的一律不吃。

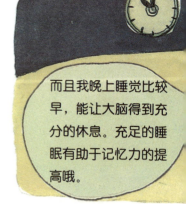

而且我晚上睡觉比较早，能让大脑得到充分的休息。充足的睡眠有助于记忆力的提高哦。

174

我每顿早饭都会准时吃，而且还不挑食。大脑获得充足的养分，就会更活跃。

好，从今天开始我也要早睡，不再熬夜看电视了。

荷尔蒙

感情

记忆力

五感

创造

神经

反射作用

176

"我知道为什么滑旱冰的时候要戴头盔了，因为如果记忆的仓库——大脑——被碰坏了，那以前所有的事我就都不记得了。"

　　"大脑不光负责储存记忆，它还是汇聚身体所有感觉和神经的地方。看、听、闻、尝、摸等信息都要传递给大脑。"

　　听了巴甫洛夫的话，小宇说："能不能用甜栗子作为惩罚呀？"

　　巴甫洛夫和孩子们都被小宇逗得哈哈大笑。

# 那些失去感知能力的伟人

人类是靠感觉生活的，但每个人的感知程度都不一样。有的人鼻子比别人灵敏，有的人辨别声音比别人快，但是也有人从小就感觉迟钝，甚至因为事故或疾病丧失了感知能力。那些失去感知能力的人是怎样生活的呢？

### 贝多芬战胜了听觉障碍

世界著名作曲家贝多芬在事业辉煌的时候突然患了耳疾，丧失了听力。听不到声音，这对于一个音乐家来说可以说是致命的打击。然而贝多芬并没有放弃梦想。他在丧失听力后创作出了《命运交响曲》，这支曲子给人们带来极大的感动。发明盲文的路易·布莱尔是一位盲人，他比任何人都了解盲人的苦恼和生活的艰辛。后来他发明出了一种用手指"阅读"的凸点文字，这就是后来得到国际公认的盲文。

和海顿、莫扎特齐名的德国音乐家贝多芬因为耳疾丧失了听力，但是他依然创作出了不少经典名作。

熟知葡萄酒的种类和味道，并根据个人的喜好和食物搭配，向人们推荐葡萄酒的人就是品酒师。

## 用超出常人的感知能力制造酒和香水

品酒师一般都有着超越普通人的灵敏味觉。他们需要品尝和甄别各种各样的葡萄酒，所以，为了保护自己的味觉，品酒师大都不会喝碳酸饮料，从不吃过辣、过咸的食物。

制作香水的人嗅觉特别灵敏，即便把多种香味混合在一起，他们也能闻出每种香味都是什么。

# 大脑有时也会产生错觉

大脑负责收集人体感知的所有感觉，包括视觉、听觉、触觉、思考、记忆，等等。虽然大脑的体积不大，却是人体中最重要的部分。不过，聚集了无数神经细胞的大脑偶尔也会产生错觉哦。

## 对大小、形状、颜色产生错觉

对物体的大小、形状、颜色产生与实际不符的视觉误差，这就是错觉。比如快速浏览连续很多张画面只有细微差别的图片时，大脑会产生这些画面是动态的错觉。再比如，因为周围灯光和画面颜色的干扰，会让人产生图片亮度过强或过弱的错觉。

这幅呈漩涡状的图片很容易引起人们的错觉。如果你一直盯着画看，会有一种被图片中心往里吸的感觉。

　　我们做梦的时候也会像醒着的时候一样，能听、能动、有感觉。梦的内容有些是自己经历过的，有的则是自己希望发生的。

## 梦到记忆中的事

　　我们睡觉时会做梦，内容大都是白天曾经遇到过的人或事。大脑在我们睡觉时也会持续运转，所以我们才会做梦或说梦话。从睡梦中醒来时，如果你还记得做梦的内容，说明这些梦是你还没进入深度睡眠时做的。因此科学家们认为，浅睡眠和做梦是一种相似的状态。

# 我们身体里的感觉器官

　　刚刚我们介绍了身体里都有哪些器官，以及这些器官都有哪些功能。下面让我们来一起重温一下眼睛、耳朵、鼻子等感觉器官的感知过程，了解一下感觉器官的重要性吧。

　　手碰到还没有脱壳的栗子或是鱿鱼，我们就能通过感觉器官——眼睛和皮肤，分辨出哪个是长满刺的棕色栗子，哪个是湿滑蠕动的鱿鱼。

## 感觉器官由无数神经细胞构成

五感即视觉、听觉、嗅觉、味觉和触觉。眼睛负责视觉，耳朵负责听觉，鼻子负责嗅觉，舌头负责味觉，皮肤负责触觉。感觉器官是由接受感觉的神经细胞——神经元组成。神经元接受刺激并将刺激传入其他细胞，大脑接受到信号后就会产生感觉。神经元由包裹细胞核的神经细胞体、从其他细胞接收信号的树突和将信号传递至其他细胞的轴突组成。

我们能用余光看
到飞来的球，并及时
躲避。

### 眼睛能上下左右地看

我们不但能看见前面，还能看见侧面。眼睛保持不动所能看到的范围叫做视野。一般单眼能看到上60度、下70度、内60度、外100度范围内的物体。视野会受到颜色的影响，白色视野最大，蓝色、红色、黄色、绿色的视野范围按顺序递减。

## 耳朵具有听和保持平衡的功能

　　具有听觉和保持人体平衡的耳朵，是由耳郭、鼓膜、半规管、耳蜗等组成的。其中形似蜗牛壳的耳蜗、前庭器官和半规管起到保持人体平衡的作用。

在平衡木上走动、转身和腾空需要很强的平衡感。

### 望梅止渴的故事

中国古代名著《世说新语·假谲》中有一个故事叫做望梅止渴。故事发生在东汉末年，曹操带兵去攻打张绣，那时候正是盛夏，太阳火辣辣地挂在空中，曹操的军队已经走了很多天了，累得不行。但是一路上都是荒山野岭，大家找不到一滴水喝。战士们一个个被晒得头昏眼花，口干舌燥，喉咙里都快要着火了。往前走一会，就有人中暑倒下来，慢慢地，许多身体强壮的士兵也快支持不住了。

曹操心里着急啊，想赶快找到水来给士兵们喝。他骑马奔向旁边一个山岗，站在高高的山岗上往远处看，想要找到水源。可是放眼望去到处是山地，没有小河也没有湖泊。再回头看看士兵，一个个东倒西歪，要想让他们前进看来是很难了。

曹操非常聪明，他立即开动脑筋想办法。要是没有水，大家都走不下去，不但会耽误作战的好时机，还会有不少的人马渴死或者累死在这啊，有什么办法能激励大家加把劲，走出这块地方呢？突然，曹操想出了一个好主意。他站在山岗上，抽出令旗指向前方，对着将士们大声喊道："我发现前面有一大片梅林！树上都是又大又酸又甜的梅子，大家全速前进，快点到前面吃梅子！"战士们一听到有梅子，就好像真的吃到了梅子一样，嘴里酸酸的，顿时生出了不少口水，大家的精神都振作起来，鼓足力气向前进发。就这样，曹操终于率领军队走到了有水的地方。

　　这是一个有关条件反射的故事。我们人类能对具体的信号，比如气味、声音和光等产生反应，还能对语言、文字产生反应，作出条件反射。这就是望梅、谈梅时嘴里能流出口水的原因。谚语"一朝被蛇咬，十年怕井绳"、"画饼充饥"、"惊弓之鸟"、"老马识途"等讲的都是条件反射。

# 挖土坑

巴甫洛夫对待自己的科学研究非常执着，在少年时期他就表现出这种恒心和毅力来了。他曾经说过："如果我坚持什么，就是用大炮也不能打倒我。"

有一天，巴甫洛夫扛着一把锃亮的铁锨，他的弟弟米加扛着一棵苹果树苗，两人一起来到园子里种树。他们挑了一块空地，开始挖坑。

园子里的土很硬，兄弟俩费了好大劲，过了好一阵儿才挖了一个小坑，两个人都累得气喘吁吁，刚要把树苗栽下去时，

爸爸过来了。他夸奖了兄弟俩，但是又摇摇头说："这里地势太低了，你们选的地方不太好啊！一下雨这里就会积水，小树苗会被淹死的。"米加听了爸爸的话，看看手上磨起的水泡，想到刚才半天的辛苦都白费了，一下子就不高兴了。他小嘴一噘，扔掉铁锹走开了，口中还说着"我不干了"。巴甫洛夫却没有灰心。他擦了擦脸上的汗，跟着爸爸又选了一块高处的空地，重新扬起铁锹挖起坑来。又过了好一会儿，树苗终于种好了，巴甫洛夫和爸爸给树苗浇上水，痛痛快快地休息去了。

几年后，苹果树长大了，结了满满一树的大苹果。米加啃着苹果，感觉特别羞愧地对巴甫洛夫说："哥哥，今后我要向你学习！做任何事情都不能害怕困难，不能半途而废，要有毅力，坚持到底。"

189

实验室

# 我们是如何感觉到味道的？

　　我们身体上有很多感觉器官，比如眼睛负责视觉，鼻子负责嗅觉，耳朵负责听觉，舌头负责味觉，皮肤负责触觉，等等。下面我们通过实验来了解一下，味道是如何被感觉出来的。

## 请准备下列物品：

苹果 胡萝卜 土豆　　　擦板　　　碟子3个　　　勺子　　　眼罩

## 一起来动手：

1.将苹果、胡萝卜和土豆削皮擦丝后，分别放在三个碟子里。

2.用眼罩把眼睛蒙上，用手捏住鼻子，确保自己闻不到味道。

3.让朋友喂给你苹果丝、胡萝卜丝和土豆丝，嚼一嚼，感觉它们的味道。

*注意：请在父母的帮助下使用刀和擦板。

**1** 将苹果、胡萝卜和土豆削皮擦丝后，分别放在三个碟子里。

**2** 用眼罩把眼睛蒙上，用手捏住鼻子，确保自己闻不到味道。

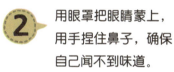

苹果

胡萝卜

土豆

**3** 让朋友喂给你苹果丝、胡萝卜丝和土豆丝，嚼一嚼，感觉它们的味道。

**实验结果：**

当我们捏住鼻子闻不到味道时，分辨苹果、胡萝卜和土豆，要比不捂住鼻子时困难得多。

## 为什么会这样？

把食物放进嘴里，舌头负责感觉食物的味道。如果再加上能够闻到味道的鼻子，就等于多了一道辨别的"工具"。鼻子闻到的味道和舌头感觉的味道一起传递到大脑中，大脑才会识别出这是哪种食物。味道是由舌头和鼻子一同感觉出来的。

# 巴斯德 讲 微生物

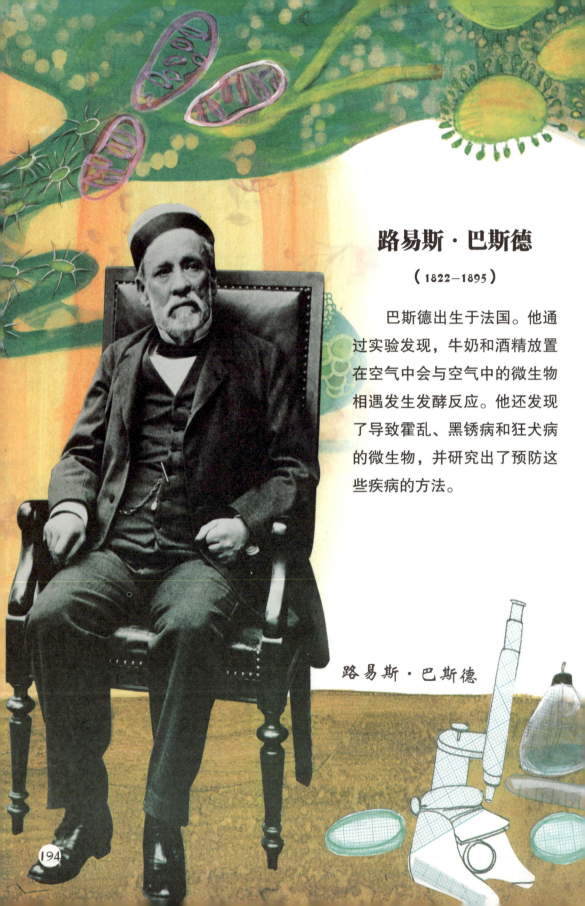

# 路易斯·巴斯德

## （1822-1895）

巴斯德出生于法国。他通过实验发现，牛奶和酒精放置在空气中会与空气中的微生物相遇发生发酵反应。他还发现了导致霍乱、黑锈病和狂犬病的微生物，并研究出了预防这些疾病的方法。

路易斯·巴斯德

大家见过放了好几天的面包上长出的霉点了吗？

制作大酱时浸泡的豆酱也会长毛。

面包上的霉点和豆酱上长的毛是空气中的微生物跑到面包和豆酱里形成的。

巴斯德发现空气中的微生物是导致食物发霉的原因。我们身边还有哪些微生物呢？让我们跟随巴斯德一起去看看吧。

小朋友们，你们好！我是巴斯德。我在葡萄酒中发现了微生物。什么是微生物呢？微生物是指霉或细菌等只能通过显微镜观察到的微小生物。如果把面包装进塑料袋里放在阴凉处，过不了几天，面包上就会出现淡绿色的霉点。

　　虽然一般来说微生物无法通过肉眼观察到，但面包上的霉点数量很多，所以我们一眼就可以看出来。

将面包上的霉点放大的样子
过期面包上那些黑色的霉点
就像细线一样扩散。

苹果变质的过程
苹果上如果有破皮的地方，微生物就会从那里进入苹果内部，最后导致苹果变质。

"哎呀，昨天忘了把剩菜放到冰箱里，现在全馊了。"
大家是不是经常听到妈妈说这样的话？
"巴斯德，这可怎么办？苹果坏了，只能扔了。"
我身边的朋友也会有类似的苦恼。
食物变质是因为空气中的微生物进入食物内部发生了反应。虽然我们肉眼看不到，但其实空气中到处都是微生物。

我们生活的所有地方都存在着微生物。我们睡觉的房间里、被子里、书桌里、书里，甚至筷子和勺子上都有微生物。在天空中、土地里、海洋里许多地方生物都很难生存，但是微生物就能够在这些地方存活。

从数量上来说，微生物是地球上生活的生物中数量最多的。

它们自地球诞生之日起就存在，一直活到今天。

变形杆菌
生活在泥土、人或动物的肠子里。

枯草杆菌
生活在空气、干草、泥土、家或工厂用过的废水里。

200

单核细胞增生利斯特菌
生活在反刍动物牛、羊、
猪、鸟等体内。

梭状芽孢杆菌
生活在泥土或人和
动物的排泄物中。

微生物长什么样子呢？

我们可以用显微镜看到微生物的样子。

微生物的形状各不相同：

霉呈线状，一头挂有圆圆的东西；

冠状病毒像太阳一样呈圆形；

细菌则像一根细长的小棍子；

还有像螺丝一样弯曲的微生物。

青霉菌
形状像一把扫帚，扫帚顶端挂有一些像佛珠的孢子。

冠状病毒
外形很像太阳被月亮遮住时产生的日食。

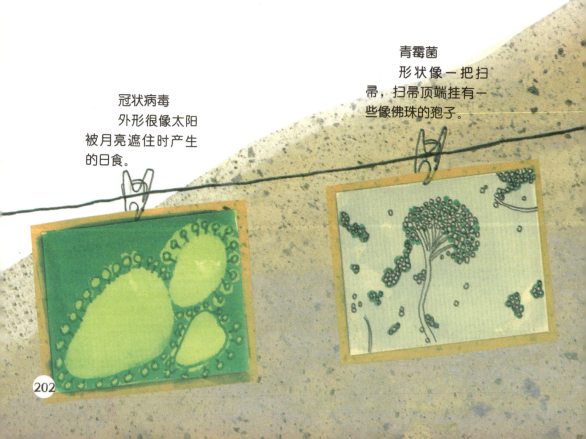

埃博拉病毒
　　形状多样，有的像一
条长棍子，有的像树枝，
有的像末端弯曲的拐杖。

毛霉菌
　　菌丝的形状像植物
的根或茎，最上面还有一
个装有孢子的口袋。

微生物长有纤毛和鞭毛。

纤毛又细又密，遍布全身。有些微生物靠纤毛移动，或附着在其他物体上移动。

鞭毛则像线一样，比较长。有些微生物靠转动或晃动鞭毛来移动。

动物一般用腿行走，微生物则利用纤毛和鞭毛移动。

微生物存在于我们的脸、手、脚和身体里，通过空气、水和食物传递给其他人。

　　有些微生物不能自己制造养分，所以需要到处觅食，它们被称为细菌。

　　如果一个人得了眼病，他用过的毛巾被别人用了，或是得感冒打喷嚏的人和别人说话，细菌就会传染给对方，被传染的人也会得眼病或者感冒。

肠炎弧菌
　　一般在鱼贝类生物体上繁殖。吃了感染上这种细菌的食物会有腹痛发热的症状。

荧光菌
　　会使牛奶变质，出现苦味。要是喝了变质的牛奶，我们就会肚子疼。

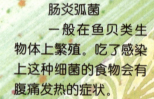

霍乱弧菌长得像香蕉，会引起霍乱病。

绿脓杆菌与葡萄球菌和链球菌一样，会引起肺结核或中耳炎。

虱子

跳蚤

有些微生物会导致各种疾病。

它们进入我们的身体，让我们患上感冒、麻疹、风疹、脑炎或狂犬病。

致病的微生物很强大，它会攻击甚至击垮我们体内的好细胞。

不过你也不要害怕，只要我们注意卫生，勤锻炼身体，就能战胜微生物啦！

120救护车

209

打预防针是预防疾病的有效手段。

打预防针就是将微量的无毒的致病微生物注射到人的身体里，体内的其他细胞就会和微生物"打架"，并战胜微生物。当身体学会了战胜微生物的方法之后，即便是真的致病微生物进入我们的身体，我们也不用害怕了。这就是免疫。

211

# 有些病得过一次之后就不会再得了

妈妈，我的麻疹好像全好了。

是吗，那太好了。现你也退烧了，脸上的疹子也都不见了。

**1**

麻疹得过一次就不会再得了，因为身体已经知道怎样战胜麻疹病毒了。

那为什么我会常得感冒呢？

**3**

要是我以后再得麻疹可怎么办啊?

2

那是因为导致感冒的病毒数量太多，就算打预防针也不管用。不过为了不得流行性感冒，咱们还是打个流感疫苗去吧。

啊，打针? 我不去!

4

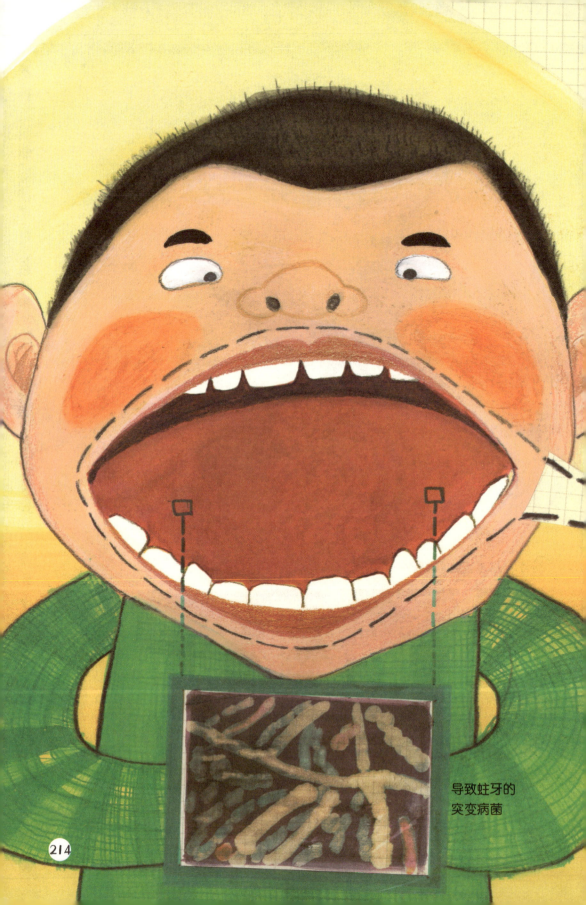

导致蛀牙的
突变病菌

你知道吗？我们的嘴里也有很多微生物。

嘴里的食物残渣还有唾液中有很多微生物，并且嘴里的温度适中，有利于微生物存活。

食物残渣粘在牙上，就会被嘴里的微生物当做食物分解，牙的表面也会因此遭到破坏，特别是经常用来磨碎食物的槽牙更容易生病。

但是，如果我们能把牙刷干净，微生物就再也不会侵蚀我们的牙齿了。所以说，我们要养成早上晚上都刷牙的好习惯，这样就不用害怕长蛀牙啦！

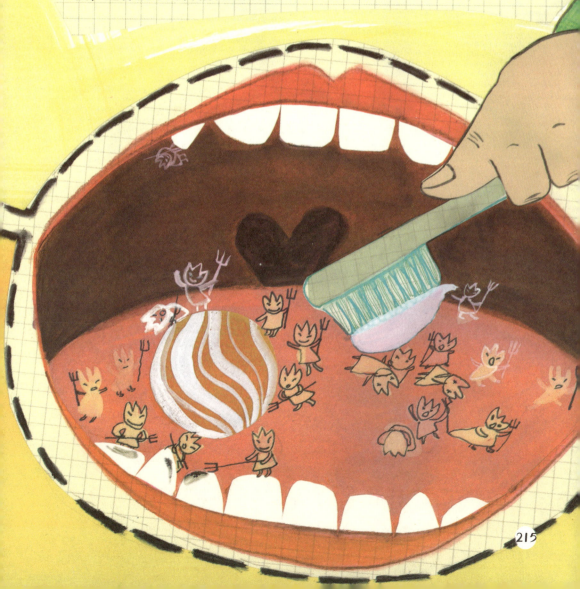

不只是嘴里，我们的体内也有很多微生物。

摸了脏东西，或是吃了不干净的食物，微生物就会趁虚而入，进入我们的胃里，导致我们的胃溃疡或发炎。

大肠里的微生物比胃里还要多。有的微生物会帮助我们消化食物，有的微生物是"坏人"，会让我们生病。体内的微生物会随食物残渣一起排出体外。

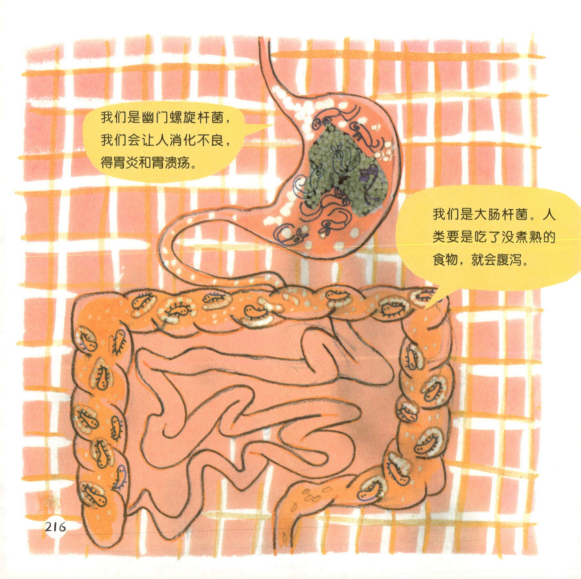

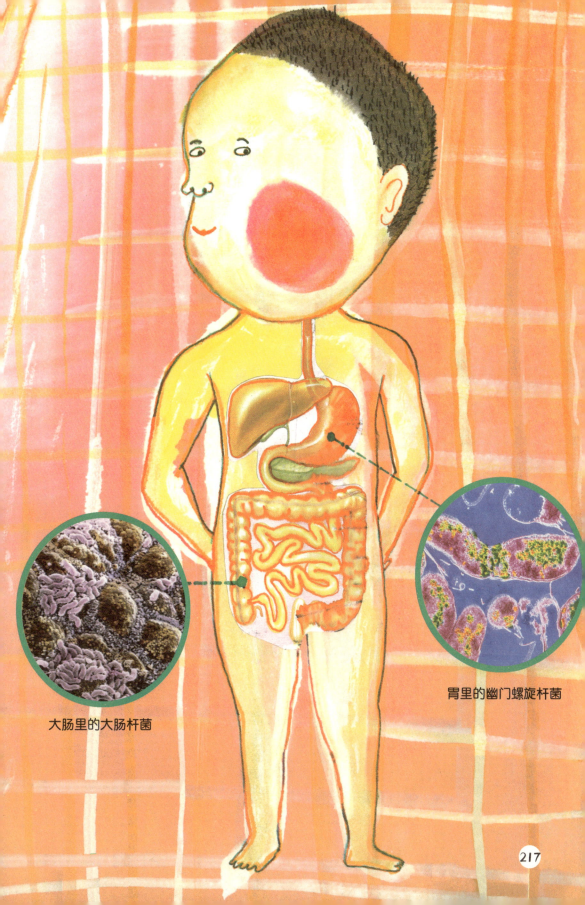

胃里的幽门螺旋杆菌

大肠里的大肠杆菌

不是所有的微生物都是"坏人"，微生物也有优点，比如它能提高食物的香味和营养。

腌菜含有丰富的乳酸菌，不但使腌菜特别美味，还具有很高的营养价值。这种乳酸菌就是微生物的一种。

在面团里放入酵母这种微生物，烤出来的面包就会更加松软可口。酸奶和奶酪也是发酵而成的食物，也含有乳酸菌。

## 酵母菌使面包松软

酵母菌会让面包变得松软。在面粉里放入酵母揉成面团，面团里会生成大量的二氧化碳，这样面包就蓬松起来了。酵母菌这个词原本还有泡沫的意思，想想看真是个贴切的名字啊。

酸奶

微生物还能帮助我们做好吃的食物，比如说酱油或黄酱的制作就与微生物密不可分。

　　酱曲是制作酱的原材料，是将豆子煮熟后炸制而成的。

　　将酱曲放在温暖的地方，会长出一层白色的小绒毛，这就是制作酱的微生物曲霉。

　　将长有曲霉的酱曲放在盐水里浸泡后，稠的部分用来制作黄酱，剩下的水用来制作酱油。辣椒酱是在酱曲里放入辣椒粉和盐制成的。

微生物和动植物之间，或者有些微生物之间还要互相帮助。

　　比如切叶蚁和蘑菇，切叶蚁以树叶堆里长大的蘑菇为食。树叶里的蘑菇真菌通过蚂蚁进食后排出体外的排泄物进行繁殖。

　　松树和松菌也相互依存。松菌以松树进行光合作用后制造的养分为食，松树可以从松菌身上获取生长所必需的养分。

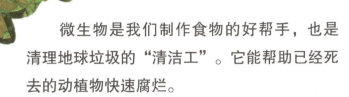

　　微生物是我们制作食物的好帮手，也是清理地球垃圾的"清洁工"。它能帮助已经死去的动植物快速腐烂。

　　夏天茂密的树叶和树枝，到了秋天就会纷纷落到地上，它们被霉和细菌等微生物逐步分解，最后和土地融为一体。第二年在肥沃的土地上还会长出新芽。

　　这下你明白了吧，微生物还是自然环境的守卫者呢！

# 发酵食品对身体有益

酸奶、腐乳、辣椒酱、酒、醋、酱油、面包等都是发酵食品。发酵食品是微生物将蔬菜、牛奶、大豆等食物分解后生成的食品。让我们一起来看看发酵食品的由来吧。

## 法兰斯瓦一世爱喝酸奶

16世纪法国国王法兰斯瓦一世常常便秘，他写信给他的朋友土耳其国王说："我肚子总是胀气，消化不良，便秘特别严重，你有什么好办法吗？"土耳其国王收到信后，将牛奶中放入乳酸菌发酵后制成的酸奶寄给了法兰斯瓦一世。法兰斯瓦一世后来回信说酸奶治好了他的便秘。

## 金庾信将军通过酱油味知道了家人的情况

朝鲜三国时代，新罗的将军金庾信在战场上征战多年，非常想念家人。他叫来他的部下，对他说："你去我家帮我带个信，就说我一切安好，再去我家的酱油缸里盛一小碗酱油回来。"部下按照将军的吩咐，带回了一碗酱油。将军尝了尝酱油的味道，露出了一丝微笑。家中的酱油依然是他熟悉的味道，说明家人一切安好，也没有大事发生。

酸奶

# 如何利用微生物

环境污染使地球温度升高，海平面上升。汽车尾气和工厂废气是造成空气污染的最主要原因。但如果我们在日常生活中稍微用些心思，就能减轻环境污染。你有什么好办法吗？

## 用微生物处理食品垃圾

我们在日常生活中会制造出许多垃圾，比如废纸、废塑料制品、废玻璃、剩饭剩菜等，特别是剩饭剩菜，几乎每天都会有。微生物就可以将食品垃圾处理得干干净净。将微生物和食品垃圾放在一个小桶内，微生物就会慢慢吃掉食物中的营养成分，这样桶里就只剩下了二氧化碳和水。现在很多人就是利用微生物来处理食品垃圾的。

米糠和豆渣中含有丰富的蛋白质和水分。把发酵的米糠和豆渣当做肥料，可以在土壤中创造出适合微生物和蚯蚓生长的环境，从而肥沃土壤。

## 用微生物代替农药

在农村，为了增加果实的产量、减少杂草，农民在种地时会使用农药。但是农药具有一定的毒性，会对人体健康产生威胁，对土壤也会有污染。因此现在有很多地方，人们用微生物来代替农药。将米糠和豆渣发酵后与泥土混合，可以起到肥沃土壤的作用。米糠和豆渣在发酵过程中会生成微生物，这些微生物能防止泥土里生虫，所以即使不打农药，植物也能结出丰硕的果实。

# 观察微小生物

在我们周围，有很多连长什么样子我们都说不清的微小生物，比如水绵、真涡虫、浮萍、苔藓和霉菌。下面让我们一起来了解一下它们的生存环境和习性吧。

真涡虫

浮萍

水绵

## 水绵和真涡虫生活在水中

水绵、真涡虫和浮萍等微小生物生活在水中。水绵形似头发，身材细长，主要生活在长有莲花等植物、不流动的水中。真涡虫讨厌阳光，所以一般藏在山涧的石头下面，或是山谷里的树叶底下。浮萍则附着在莲叶或水田上生长，它的正面是绿色，背面是紫色。

### 苔藓和霉菌长在地上

苔藓和霉菌是生活在地面上的微小生物，它们喜欢避光潮湿的地方。在森林中的树荫下，我们经常能看到苔藓。存放很久的食物上很容易长霉菌。

苔藓是最早长在地上的生物，多生长在湿润的地面、石头下、腐朽的树木和树木的根茎上。

霉菌喜欢阴暗潮湿的地方。食物在温热潮湿的地方更容易腐败变质。

## 绿色霉菌对身体有益

霉菌长在腐败变质的食物上，人吃了这样的食物就可能引起食物中毒。然而绿色的霉菌却有治病的功效，能制造出青霉素这种物质。青霉素能阻止致病微生物的繁衍生长，或者干脆杀死病菌。将大豆煮后制作出来的酱曲进一步发酵，就能获得酒曲霉。酒曲霉是一种能将淀粉分解成糖的物质。利用它的这一特性，我们就能制作出酱油、酒等食品了。

### 细菌都是有害的吗？

一直以来，人们都把细菌看做是疾病的祸根。其实，有的细菌不但无害，反而有益。例如，肠道内最主要的有益菌是双歧杆菌，它们在肠粘膜深层生长、繁殖，形成一道生物屏障，阻挡外来细菌的入侵，可以让我们健康成长。一旦环境变化，遭受各种刺激，这种有益的双歧杆菌数量就会急剧减少或消失，有害菌增多，肠内菌群会乱成一团，我们就会腹泻，老人可能会得动脉硬化、高血压等疾病。细心的小朋友可以去找一找，你常喝的酸奶里，是不是含有丰富的双歧杆菌和乳酸菌呢？

# 解释科学

有一天，一位法国大学生坐上火车去远行，旁边坐着一位老人，老人衣着朴素，就像个农民，他手里握着一串念珠，嘴里还念念有词地说着什么。

这名学生问道："老先生，您还相信这些东西？都过时了。""对啊，我相信。怎么，你不相信吗？"老人回答。

学生笑了笑说："我不相信，这些都是愚昧和迷信的事情。您听我的啊，把念珠扔了，去学一学科学。"

"科学？我不懂科学，你能不能给我解释解释呢？"老人诚恳地说。学生说："一两句话可是解释不清楚的。这样吧，您告诉我您的地址，我寄给您一些书籍，您自己学习一下就明白了。"老人从衣服口袋里掏出一张名片递给学生。学生一看，脸一下子就红了，低着头不再说话了。名片上写着：路易斯·巴斯德，巴黎科学研究院院长。

原来这位谦逊的老人就是世界著名的法国化学家和细菌学家巴斯德啊。

**巴斯德这样说：**

告诉你使我达到目标的奥秘吧，我唯一的力量就是我的坚持精神。

不论你们从事何种职业，都不要被非难和无聊的怀疑主义所动摇，不要因国家所经历的一时忧患而沮丧。

立志、工作、成功，是人类活动的三大要素。立志是事业的大门，工作是登堂入室的旅程。这旅程的尽头就有个成功在等待着，来庆祝你努力的结果。

科学虽没有国界，但科学家却有自己的祖国。

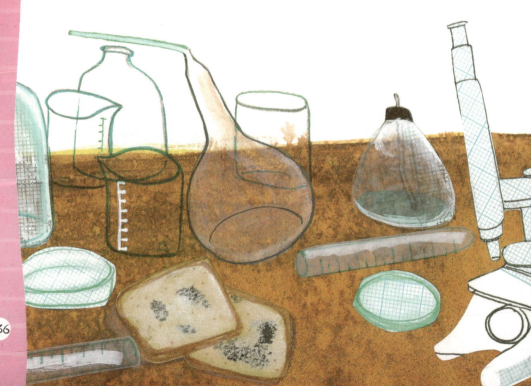

# 微生物喜欢哪些地方?

微生物有很多种,如霉菌、酵母、病菌、细菌,等等。它们的生命力非常顽强,地球上的任何角落都会发现它们的身影,不论南极、北极或是人迹罕至的沙漠都有微生物。我们的身体里也有许多微生物。下面让我们一起做实验,来了解霉菌在哪些地方容易生长吧。

**请准备下列物品:**

面包片3片　　　　水　　　　塑料袋3个　　　　线

**一起来动手:**

1.将一片面包片用水喷湿后放在塑料袋中,用线把袋口扎紧,放进冰箱。

2.再取一片面包片,喷湿后也放进塑料袋,用线将塑料袋袋口扎紧,放在阴凉处。

3.剩下最后一片面包不用喷湿,直接放进塑料袋中,袋口扎紧后放在阳光容易照射到的地方。

4.3~5天后,观察各个袋子中面包片的变化情况。

**1** 将一片面包片用水喷湿后放在塑料袋中，用线把袋口扎紧，放进冰箱。

**2** 再取一片面包片，喷湿后也放进塑料袋，用线将塑料袋袋口扎紧，放在阴凉处。

**3** 剩下最后一片面包不用喷湿，直接放进塑料袋中，袋口扎紧后放在阳光容易照射到的地方。

**4** 3~5天后，观察各个袋子中面包片的变化情况。

**实验结果：**

浸湿后放进冰箱的面包和没有喷水放在阳光下的面包没有长出霉菌，而喷湿后放在阴凉处的面包片上长出了霉菌。

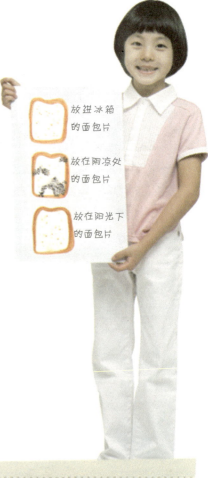

放进冰箱的面包片

放在阴凉处的面包片

放在阳光下的面包片

**为什么会这样？**

只要有水、一定的温度和养分，任何地方都可以滋生出霉菌，特别是含水的食物，非常容易发霉。但如果温度过高，或是周围环境过于寒冷，霉菌就无法生长了。放在阳光下、没有喷水的面包片和放在冰箱里的面包片就是很好的例子。

# 孟德尔 讲 遗传

# 乔治·约翰·孟德尔

（1822—1884）

　　孟德尔出生在奥地利，小时候因为家境贫寒，供不起他上大学，他只好去修道院学习。孟德尔通过种植、观察豌豆发现了遗传的秘密，也就是我们从上一代的表面看不到的特点会在下一代身上出现。孟德尔的实验为遗传学的发展作出了巨大的贡献。

乔治·约翰·孟德尔

　　小朋友们，如果你有妹妹或弟弟，你们可以一起站在镜子前，看看镜子中的你们更像妈妈还是爸爸。

　　人类很早以前就知道自己长得像父母，但是并不知道其中的原因。

　　孟德尔为了解开这个谜团，用豌豆进行了实验。

　　让我们跟随孟德尔一起了解一下遗传的秘密吧。

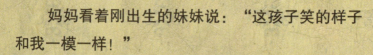

妈妈看着刚出生的妹妹说："这孩子笑的样子
和我一模一样！"

"才不是呢，你看她的大眼睛多像我。"

小勋听了有点伤心，因为爸爸妈妈的注意力都
在妹妹身上，仿佛自己是个隐形人一样。

我的妹妹

　　每当小勋闯祸的时候，爸爸妈妈总会说："小勋这孩子到底像咱俩谁啊？这么淘气！"

　　"当然像你了，不像你像谁啊？"

　　每次小勋听到这些话后都很伤心，他甚至怀疑自己不是爸爸妈妈亲生的。

　　无精打采的小勋朝游乐园走去。

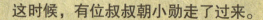

这时候，有位叔叔朝小勋走了过来。

"这位叔叔，您是？"

"我是研究为什么孩子长得像父母的孟德尔。"

"孟德尔叔叔，您听听我的故事吧。我父母说我长得不像他们。我仔细观察后发现真的是这样，爸爸是大眼睛、双眼皮，可我的眼睛不大，还是单眼皮。"说到最后，小勋都快要哭了。

"哈哈，在我看来，你和你的爸爸妈妈简直是一个模子刻出来的呢。"

"不能光从外貌来判断是否像父母，其实有些看不到的地方，你们也有很多相似之处。"

　　小勋不太明白什么是"看不到的地方"。

　　"那我为什么没有双眼皮呢？"

　　孟德尔拿出一枚放大镜，仔细观察小勋的眼睛。

　　"小勋有着爸爸妈妈隐藏的单眼皮遗传基因呢。遗传基因是表现外形和血型等特征的物质，父母将遗传基因传给子女。你没有双眼皮是因为父母将看不到的单眼皮遗传基因传给了你。"

"老师！爸爸妈妈的血型都是B型，我怎么是O型呢？"

　　孟德尔被小勋逗得哈哈大笑起来。

　　"人的血型分为A型、B型、O型、AB型，它们是由A、B、O这三个遗传因子决定的。由于遗传因子A和B相比O来说是显性基因，所以表现在外。小勋的父母都带有基因B和O，妈妈的基因O和爸爸的基因O传给了小勋。"

血液的样子

| 爸爸 妈妈 | A | B | O |
|---|---|---|---|
| A | A型 （AA） | AB型 （AB） | A型 （AO） |
| B | AB型 （AB） | B型 （BB） | B型 （BO） |
| O | A型 （AO） | B型 （BO） | O型 （OO） |

ABO血型的遗传

# 子女遗传父母的基因

哎哟，好臭啊！
你到底像谁啊？
这么爱放屁。

噗~

肯定是像我的爸爸
妈妈啦，他们把基
因传给我了。

你吃饭的时候像猪，放屁的时候像臭鼬，原来你遗传了猪和臭鼬的基因啊！

什么？！

"老师，您是怎么知道孩子像父母这件事的？"

"很多科学家都想弄清楚，但都失败了。"孟德尔思考了一会儿，继续说道，"我特别想知道为什么同一对父母生下的孩子长相相似，也想知道为什么有的孩子长得不太像父母，反而像爷爷奶奶更多些？为了解开这些谜团，我开始拿豌豆做实验。因为豌豆的种子种下后马上就会发芽结果，我可以在短时间内观察到很多豌豆。"

牛妈妈和小牛长得好像啊。

孟德尔继续讲述自己研究豌豆的故事。

　　"我把纯种的黄色豌豆和绿色豌豆进行杂交，结果结出的果实全是黄色的。我又把这些结出的豌豆进行杂交，结果结出了三个黄豌豆和一个绿豌豆。通过这个实验，我知道了隐性遗传这个原理。也就是说父母会将显性基因和隐性基因一同传给子女。"

　　杂交是指生物的生殖细胞进行交换，导致受精和繁衍的活动。

优劣定律

分离定律

3 ： 1

**纯种**

　　纯种是指不与其他任何品种相混，由同一个品种产生的个体。杂种则是由多个品种的遗传基因混合在一起的。比如纯种金毛狗的父母都是金毛狗，而杂种金毛狗就是金毛狗和其他狗种的后代。

"老师，您不是说基因分为显性基因和隐性基因吗？可是遗传基因到底在哪儿呢？"小勋眨着眼睛，好奇地问孟德尔。

　　"遗传基因在构成生物体的细胞内部。细胞里有细胞核，细胞核里有染色体，遗传基因就在染色体里面。所以要想知道我们身体里有什么样的遗传基因，只要检测一下细胞就可以了。一般通过检测头发、血液或嘴里的细胞就能测出遗传基因。"

不知道猴子身体里都有什么遗传基因？

叶子的背面

用显微镜观察到的叶子背面

"老师，我的白皮肤属于哪种遗传基因呢？"
小勋想知道自己皮肤白是显性基因还是隐性基因的
作用。

　　"一般来说，白皮肤基因与黑皮肤基因相比，
前者属于隐性基因，但小勋的白皮肤则是由于隐性
的白皮肤遗传基因表现在了外在。黑头发、自来
卷、褐色眼球和黑皮肤的遗传基因大都属于显性基
因，相反，黄头发、直发、蓝眼球和白皮肤大都属
于隐性基因。"

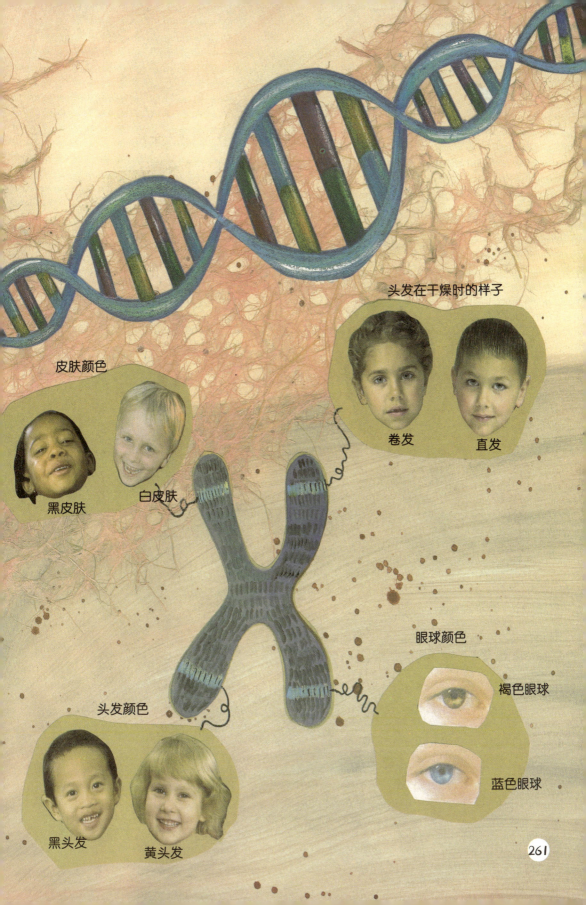

皮肤颜色

黑皮肤　　白皮肤

头发在干燥时的样子

卷发　　直发

眼球颜色

褐色眼球

蓝色眼球

头发颜色

黑头发　　黄头发

"染色体内的遗传基因长什么样子？"

"遗传基因是由又长又细的DNA链组成的。又长又细的DNA中装满了遗传的信息，就像是一个写满了各种符号的设计图一样。每个符号决定了人不同的长相和特征。"

小勋专心致志地听着，慢慢地入了迷。

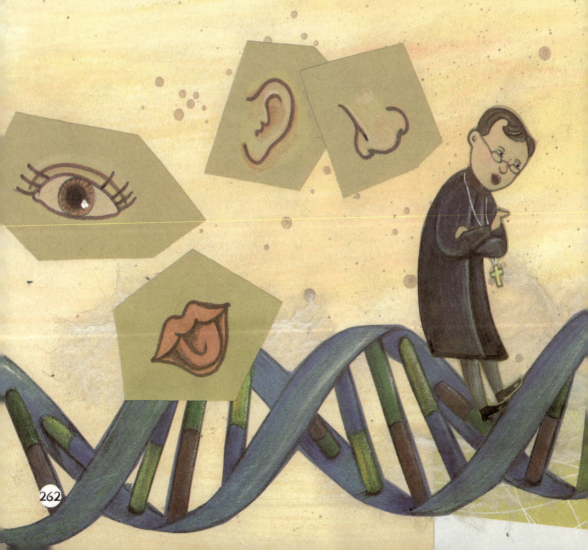

"那父母的双眼皮或单眼皮，还有血型遗传基因是怎么传给孩子的呢？"小勋走到孟德尔的身边问道。

　　"人是诞生于卵子和精子结合成的受精卵。妈妈的卵子和爸爸的精子里面带有的遗传基因会传递给受精卵，这样就会生出像爸爸妈妈的孩子。"

小勋又有新问题了："可我还是不明白，一个卵子和一个精子相遇后成为受精卵，怎么能制造出人的整个身体呢？"

　　"小勋，还记得我说过吗？遗传基因就像是一个写满遗传信息的设计图。受精卵在妈妈肚子里慢慢长大，遗传基因就会发出制造身体各个部位所需的指令，这样我们的身体就按照指令慢慢成形了。比如皮肤细胞的遗传基因发出制造皮肤的指令，骨细胞遗传基因发出制造骨骼的指令。"

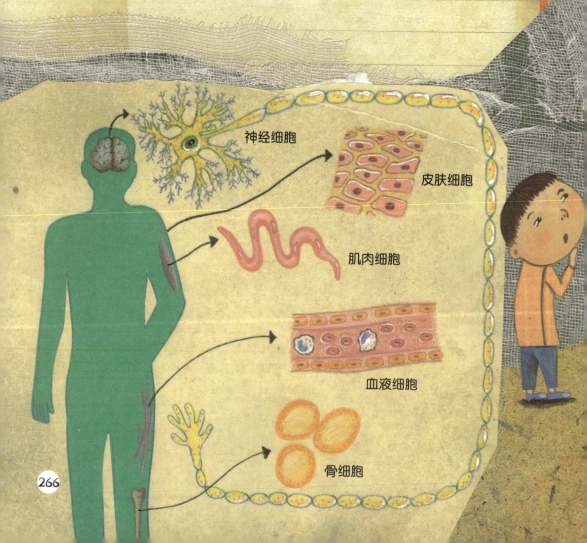

神经细胞

皮肤细胞

肌肉细胞

血液细胞

骨细胞

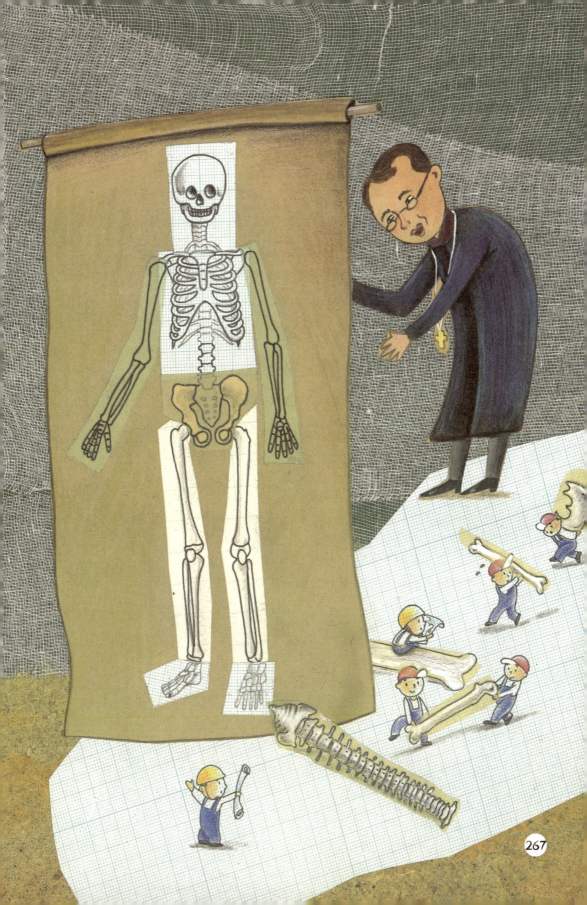

小勋一听到遗传因子能发出那么多指令，吓了一大跳。

"那看了遗传基因的设计图就能知道出生的人是什么样的吗？"

"对，就像有了建筑设计图我们就能盖出学校一样，按照遗传基因的设计图，就能制造出皮肤黑黑的卷发小伙，或是皮肤白白的金发女郎。"

"那我和妹妹都是按照爸爸妈妈的遗传基因设计图制造出来的世界上独一无二的生命吧？"

孟德尔一边点头，一边微笑着看着小勋。

### 知识加油站

### DNA的顺序决定长相

DNA可分为腺嘌呤（A）、鸟嘌呤（G）、胸腺嘧啶（T）和胞嘧啶（C）四种。这四种物质的顺序决定皮肤颜色、血型，以及单眼皮还是双眼皮等特征。现在，人类已经可以通过更改遗传基因的顺序和样子来制造出具有特定特征和长相的生物。

"哈哈，要是能制造出一个和我一模一样的人帮我写作业、打扫卫生就好了！"

　　听了小勋的话，孟德尔的表情忽然严肃了起来。

　　"现在人类正在进行像克隆羊多莉这种克隆生命或是改变遗传基因设计图的研究。如果操作不当，可能会制造出与我们的期望完全不符的'怪物'，这一点太让人担心了。因为人类的贪欲而制造出本不该诞生在这个世界上的生命，是一件非常不幸的事。"

　　听到孟德尔的这番话，小勋觉得生命真是非常珍贵啊。

## 克隆羊多莉出生了

　　1996年，英国利用克隆技术制造出了世界上第一头克隆羊多莉。克隆的意思是制造出与原来一模一样的东西。他们从一只6岁的羊身上提取出了遗传基因，然后和其他羊的卵子经过受精培育后，生出了多莉。不幸的是，多莉的肺部出现了问题，最后科学家不得不对它实行了安乐死。

"听了老师的话，我现在觉得，我是遗传了爸爸妈妈的隐性遗传基因出生的孩子，我也是非常珍贵的。我的妹妹也非常可爱。"小勋不再为自己和爸爸妈妈长得不像而伤心了。

　　"是啊，是不是现在觉得心里暖洋洋的？以后你还要做一个好哥哥哦。"

　　"好！希望妹妹也和我一样会画画，爱运动。"

　　孟德尔和小勋开心地笑了起来。

# 历史上那些走丢的孩子

你小时候有没有过这种经历：在人多的地方玩耍，突然发现找不到妈妈了？想象一下，在陌生的地方，爸爸妈妈突然不见了，这多可怕啊！在很多古代故事中就有不少走丢的孩子，不过幸亏在周围好心人的帮助下，他们最终都找到了自己的父母。

## 所罗门大帝用智慧帮助人们找回孩子

一天，两名妇女带着一个孩子找到以色列国王所罗门，她们都说这个孩子是自己亲生的。所罗门想了想说："不如把孩子分成两半，你们一人拿走一半好了。"听了这话，其中一名妇女开始大哭起来，祈求国王不要这样做。所罗门说："哭的这名女子就是孩子真正的母亲。"因为只有亲生的母亲才会对孩子有如此深厚的感情，宁愿失去孩子也不希望自己的孩子因此而死去。

所罗门坐在正中央高高的椅子上，两边各跪着一名妇女，等待着所罗门的裁决。

## 赵氏孤儿

　　赵氏孤儿的这段故事最早出现在中国西汉时期司马迁所著的《史记·赵世家》里。事情发生在晋景公年间，奸臣屠岸贾想要除去忠臣赵盾一家。他率兵将赵家团团围住，杀掉了赵朔、赵同等赵家老少三百人。而在这场屠杀中，赵朔的妻子因为怀有身孕，躲藏在宫中幸免于难。不久，赵妻在宫中生下一个男孩。屠岸贾听到之后，带人到宫中来搜查，没有找到赵氏母子的藏身之处。后来屠岸贾下令将全国一月至半岁的婴儿全部杀尽，以绝后患。

　　赵朔有个好友叫程婴。程婴联合老臣公孙杵臼上演"偷天换日"的计谋，把程婴的孩子和赵氏的孩子调换了，成功保住赵氏的最后血脉。程婴带着赵氏孤儿来到了盂山隐居起来。二十年后，孤儿赵武长大成人，程婴告诉了他之前发生的一切。最后，程婴与赵武在朝中人的帮助下，里应外合，灭掉了权臣屠岸贾。

## 童话里那些找到失散亲人的孩子们

如果孤苦伶仃的孤儿有一天突然找到了自己的亲生父母，他们的心情该多激动啊！有很多童话故事的主人公也曾经无依无靠，但幸运的是，他们后来都找到了自己的爸爸妈妈，从此过上了幸福的生活。《丑小鸭》和《雾都孤儿》讲的就是这样的故事。

### 用项链找到了父母

《雾都孤儿》中的主人公奥利弗刚一出生就被父母遗弃，从小在孤儿院长大。他的脖子上一直戴着一条项链。

后来，奥利弗离开孤儿院，一直过着颠沛流离的生活，只能通过乞讨或小偷小摸来维持生活。

有一天，奥利弗在街上偷一名律师的钱包时被抓住，不过律师原谅了他，并通过项链帮他找到了父母。不幸的是，他的父母已经去世了，但奥利弗继承了他们的遗产，从此过上了幸福的生活。

## 从湖水的倒影中找到了自己

　　从前啊，在一个小村庄里有一只鸭妈妈孵出了许多只小鸭子，其中有一只"小鸭子"从一颗又大又难看的蛋里孵出来，他不但行动迟缓，叫声也和其他鸭子不一样。大家都不愿意和他在一起玩儿。第二年春天，伤心的丑小鸭无意间看到了湖水中自己的倒影，吓了一大跳。原来自己不是鸭子，而是全身长有洁白羽毛的白天鹅。幸运的小白天鹅遇到了从湖边经过的一群天鹅，加入了他们的队伍，飞向了天空。

小书桌

# 我们长得很像

本书介绍了家庭成员和亲戚的相关知识。这一部分是要帮助大家理顺我和家人、亲戚之间的关系。弄清自己和家人的血型，或是找到自己与家人长相上的共同点，可以帮助我们加深家庭成员之间的相互了解。

## 子女像爸妈

我们每个人都会长得像自己的父母。有的像爸爸多些，有的像妈妈多些，还有的各像一半。这是因为子女的身上带有父母的遗传基因。仔细观察我们就会发现，每个人的眼睛大小、眼球的颜色或是头发的发质等明显特征都会和其他人有区别，这些特征叫做性状。把性状传递给子女就是遗传。

构成人体的细胞内含有遗传基因，上面带有这个人的所有信息。同父同母的兄弟或姐妹，也会因为从父母那里获得的遗传基因的比例不同而呈现出不同的长相特征。

子女获得父母的遗传基因，所以外形上会和父母有许多相似之处。遗传基因是显性还是隐性，也会对子女的外形特征起到一定的影响。

### 长得不像的双胞胎

母亲一次生下两个小婴儿，这两个小婴儿就是一对双胞胎。双胞胎有的长得像，有的不像。长得像的是同卵双胞胎，长得不太像的是异卵双胞胎。

同卵是指两个婴儿由一个受精卵发育而成，异卵则是两个卵子同时和两个精子结合成的两个受精卵。因此同卵双胞胎因为遗传基因构成完全相同，所以长相非常相似，甚至达到很难区分的程度。

大部分的双胞胎长得几乎一模一样，但也有长得不是一模一样、只是像普通兄弟姐妹的双胞胎。

### 你知道家人的血型吗？

ABO血型系统把人类的血液分为A型、B型、O型和AB型四类。血型的遗传型又分为AA、AO、BB、BO、AB、OO。O型是隐性的，所以和其他遗传型相遇时会"隐身"。如果妈妈的血型是A型，爸爸的血型是B型，那么子女的血型可能是A型、B型、O型、AB型中的任何一个。A和B都属于显性，所以产生AB型的可能性比较大。

在医院可以通过抽血化验的方式查出自己的血型。

# 做老师的趣闻

　　孟德尔大学毕业以后，来到一所中学当代课老师，教中学生自然科学。孟德尔每天都专心备课，给孩子们上课可认真了。他的脾气也非常好，从来不对学生发火。别看孟德尔胖胖的，个子也不高，学生们可喜欢他了！大家都爱听他的课，尤其是听他讲一些有趣的故事。

一天晚上，一只小刺猬趁孟德尔睡着的时候，爬进了他的一只高筒靴里。他上课的时候就夸张地表演起来："同学们，你们能想象得到吗？我今天早上穿靴子的时候，脚掌就好像踩在成千根针上一样！真是把我吓了一大跳啊！"

　　孟德尔在修道院里养了蜜蜂、鸟雀和老鼠，于是他常常请学生们到修道院来，这里就成了一个大教室，学生们可以近距离地观察，学到新知识。当镇上来了马戏团进行表演时，他就带领所有的学生去同马戏团的各种动物"说话"。不过和动物"说话"有时候也非常危险呢！有一次，孟德尔想要和笼子里的猴子"聊天"，他使出各种方法吸引猴子的注意，但是他没有注意到自己和铁栏杆的距离太近了。这时，一只猴子突然间跳过来，一把抢走了孟德尔的眼镜。孟德尔开始绞尽脑汁地想法夺回眼镜，抢

来抢去的时候被猴子抓伤好几处，最后猴子终于乖乖地交出了那副眼镜。就这样，他和猴子进行了一场滑稽的"搏斗"，逗得孟德尔自己和学生们都哈哈大笑。

孟德尔即使自己出洋相也要博得大家一笑，一下子拉近了自己和学生们的距离，学生们也特别欣赏他的幽默感。不仅如此，孟德尔还是一位特别善良的老师。他从不戴着有色眼镜去看人，对所有的学生一视同仁。他不会对学生们偏心，对学习好又聪明的学生，他就给予表扬；对成绩不好或者比较落后的孩子，他总是鼓励他们。

　　孟德尔曾经考过两次教师资格考试，但是都失败了，于是他不会轻易让一个学生不及格。进行期末考试的时候，他就采取学生之间互相提问的方式。这样一来，大家既学了知识，又当了一回老师，而且大家都会给对方比较好的分数。这样考试之后，如果还有人的成绩不理想，他就把落后的学生叫到修道院来，不收学费，亲自给他补课，让他赶上来。

 实验室

# 我像谁更多一些呢？

我们从父母那里获得遗传基因，所以可能眼睛长得像妈妈，鼻子像爸爸，个子像爷爷，或是头发像奶奶。爸爸、妈妈、哥哥、姐姐，还有你自己，你们的身上一定有很多共同点，让我们一起来找找吧！看看自己究竟从爸爸妈妈身上获得了哪些遗传基因。

**请准备好下列物品：**

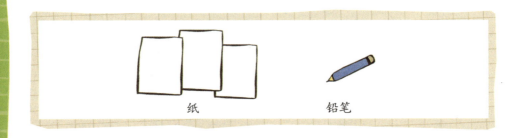

纸　　　　　铅笔

**一起来动手：**

1.在纸上分别写出"妈妈"和"爸爸"，并在下面仔细罗列妈妈和爸爸的长相特征。

2.在另一张纸上写上自己的名字，如果还有兄弟姐妹就一起写上。

3.在我和兄弟姐妹的名字底下详细地写出各自的长相特征。

4.把两张纸放在一起，比较父母和我以及兄弟姐妹的长相特征。

1 在纸上分别写出"妈妈"和"爸爸"，并在下面仔细罗列妈妈和爸爸的长相特征。

2 把两张纸放在一起，比较父母和我以及兄弟姐妹的长相特征。

3 在另一张纸上写上自己的名字，如果还有兄弟姐妹就一起写上。

4 在我和兄弟姐妹的名字底下详细地写出各自的长相特征。

**实验结果**：

仔细阅读写有妈妈和爸爸、我和兄弟姐妹长相特征的纸片，就能知道我长得更像爸爸还是妈妈了，也可以轻松找出兄弟姐妹和父母长相的相似点。

**为什么会这样？**

我们的身上有父母的遗传基因，出生时就有许多和父母相似的地方。我们的哥哥、姐姐或弟弟、妹妹也遗传了父母的基因，也和他们长得非常像。所以，哥哥、姐姐和我也有很多相似之处啦。

# 达尔文<sub>讲</sub>
# 进化论

查尔斯·罗伯特·达尔文

# 查尔斯·罗伯特·达尔文

(1809—1882)

达尔文出生在英国。年轻时，他在爱丁堡医学院攻读医学，毕业后成为了一名医生。后来他对生物进化产生了浓厚的兴趣，最终成为了一名生物学家。

　　1831年，达尔文踏上海军探险舰"小猎犬号"，开始了长达五年的科学考察活动。在这次环球之旅中，达尔文观察到了世界各地种类繁多的生物和化石。后来他开始研究生物进化，提出了生物进化论学说。

　　当达尔文和船员们来到由多个小岛组成的加拉帕戈斯群岛时，达尔文发现每个岛上的地雀的嘴形都不一样，陆地龟、蜥蜴这类动物也都长得不大一样。

　　达尔文根据在旅途中观察到的各种动植物，以及收集来的动植物化石，撰写了《物种的起源》一书。

　　那么，达尔文到底发现了生物与环境之间的什么关系呢？

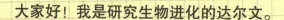

大家好！我是研究生物进化的达尔文。

我22岁时乘坐"小猎犬号"进行了长达5年的环球考察活动。

在旅途中，我仔细观察了陆地上和大海里的各种动植物，就连地底下的石头和生活在土里的生物我都好好研究了一番。

环球考察非常辛苦，有时候强烈的太阳光快把我烤干了，有时候我们还会遇到吓人的暴风雨，但是经过多年的调查研究，我终于发现了进化的秘密！

加拉帕戈斯群岛

进化是指生物在漫长的时间里随着环境的变化而变化的现象。

北美洲

欧洲

亚洲

南美洲

非洲

大西洋

印度洋

太平洋

大洋洲

293

GALAPAGOS

### 随着食物变化而变化的地雀喙

　　地雀生活在加拉帕戈斯群岛的各个小岛上。岛上可供地雀食用的物种非常丰富，但是每个小岛上的食物又有区别，所以地雀的喙也随之发生了变化。如果地雀吃的食物偏硬，地雀的喙就会逐渐变得又长又结实；如果食物偏软，喙就相对小一些。

"小猎犬号"经过南美大陆和太平洋，又绕过了印度洋和南非，来到了一个叫做加拉帕戈斯群岛的地方。

　　加拉帕戈斯群岛由很多个小岛组成，岛上生活着各种各样的地雀。

　　后来，我结束了航行回到英国。通过不断的研究，我终于领悟到，各个小岛上的地雀的嘴巴长得都不一样，是因为它们长期生活在不同的环境中造成的。

　　我以旅行中采集到的各种动植物化石为资料编写了一本小手册，据说这些记录后来成为了生物进化论研究的基础。

你想不想知道，在地球上生活的生物进化到现在的样子经历了什么样的过程呢？

法国的科学家拉马克说："所有活着的生物都是不断变化的。生物经常使用的器官会逐渐发达，不经常使用的器官会逐渐退化。比如长颈鹿为了吃到高树上的果实和叶子，要经常伸长脖子，所以它的脖子就变得越来越长。"这也就是我们后来说的"用进废退"理论。

那么脖子变长的长颈鹿生下的小长颈鹿也是长脖子吗？

虽然拉马克说"用进废退"是可以遗传的，可我却不这么认为。

我认为，能够适应周围环境的生物会活下来，不能适应周围环境的生物会逐渐被自然界淘汰。

脖子短的长颈鹿因为吃不到食物慢慢地就被饿死了，脖子长的长颈鹿会存活下来。

进化的力量来源于生存的竞争。

长颈鹿的脖子越长，就越容易活下来，而活下来的长颈鹿才能进一步进化。

如果出现一头脖子更长的长颈鹿，那么比它脖子短的长颈鹿就会消失。

随着时间的流逝，在生存竞争中获得胜利的生物活了下来并且不断进化，这样才有了我们现在看到的多种多样的生物。

我们都是生存竞争中的胜利者！

生存竞争是指为了获得更好的食物、占据更好的生活环境而进行的"战斗"。

# 生物的特征会随着环境的改变而改变

老师，如果环境污染非常严重的话，有的生物就会灭亡了。

**①**

**④**

302

是啊，我也觉得特别遗憾！不过有些生物却能够适应污染的环境活下来。

19世纪初，英国曼彻斯特地区的飞蛾大部分都是白色的。后来这里建起了很多工厂，空气污染越来越严重，所以白飞蛾的数量大幅减少，黑飞蛾反而多了起来。

啊！那我以后不去动物园了。我最喜欢去猴山看猴子了，要是以后我变得跟猴子一样该怎么办啊？

哈哈，那猴子饲养员岂不是更危险？

变形虫

蓝藻

最早生活在地球上的生物有哪些呢？

地球刚刚诞生时没有氧气，所以生物无法生存。

后来随着时间的流逝，大海里出现了蓝藻类生物，它们呼吸，制造出了氧气。

再后来，单细胞生物——细菌也诞生了，就这样，越来越多的生物出现在了地球上。

眼虫

草履虫

蓝藻

**蓝藻类生物是地球上出现最早的生物**

蓝藻类生物是由一个细胞构成的。作为地球上出现最早的生物之一，蓝藻类生物能够通过体内的叶绿素进行光合作用。在阳光的照射下，它们吸入二氧化碳，呼出氧气，从而为其他生物创造了生存条件。

之后，地球上出现了哪些生物呢？

大约5亿年前，三叶虫诞生了。三叶虫是一种可以像虾一样在水里游来游去的生物。

后来，随着鲨鱼等鱼类的出现，三叶虫就慢慢灭绝了。

随着地球温度的逐渐升高，生物界发生了很大的变化。

蕨菜等蕨类植物越来越茂盛，蜻蜓等昆虫也出现了。

原始鲨鱼

三叶虫

蕨菜

蜻蜓

Dinosaur

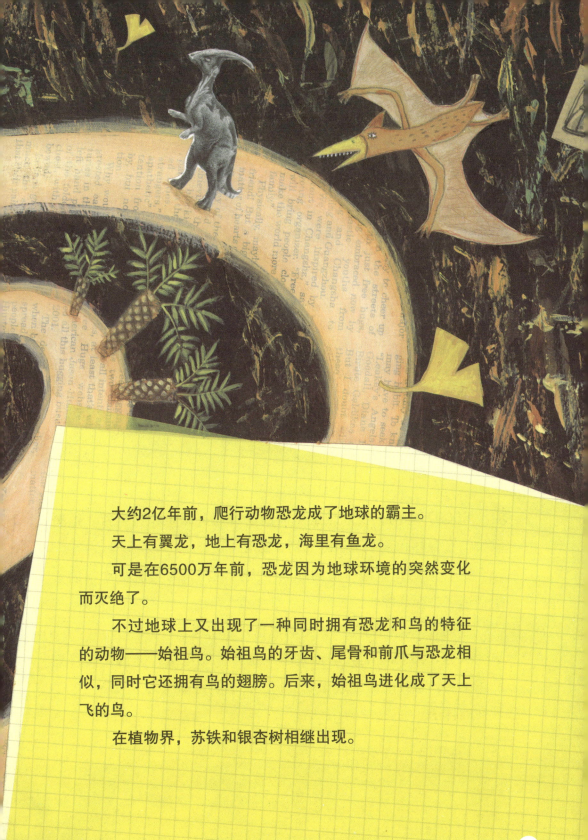

大约2亿年前，爬行动物恐龙成了地球的霸主。

天上有翼龙，地上有恐龙，海里有鱼龙。

可是在6500万年前，恐龙因为地球环境的突然变化而灭绝了。

不过地球上又出现了一种同时拥有恐龙和鸟的特征的动物——始祖鸟。始祖鸟的牙齿、尾骨和前爪与恐龙相似，同时它还拥有鸟的翅膀。后来，始祖鸟进化成了天上飞的鸟。

在植物界，苏铁和银杏树相继出现。

6500万年前，在陆地上生活的动物还有犀牛和猛犸象。这些动物们在森林和草原上不断繁衍、进化。

这一时期，枫树等植物形成了大片森林，为哺乳类动物的繁衍创造了生存环境。

同时，人类的祖先灵长类动物也开始出现。

大象、鲸鱼等哺乳动物也越来越多。鲸鱼离开陆地，转移到海里生活。鲸鱼的前腿进化成了胸鳍，后腿逐渐消失，最后变成了现在的样子。

人类是如何进化的呢？

300万年前，人类诞生了。

那时的人类长得像猴子，靠吃树叶、果实和其他动物吃剩下的肉生活。他们的头骨又大又结实，嘴里还长着锋利的牙齿。那时他们已经学会了把随手找到的石头或木头做成工具使用。

南方古猿      直立人      智人      晚期智人

　　慢慢地，人类学会了直立行走，所以人的身体发生了很大的变化。

　　用腿走路解放了双手，人们就可以用手制造出各种各样生活中需要的工具，到处寻找食物。

　　人们用石头和骨头在墙壁上画画，并且学会了耕田和饲养动物，人类文明就此开始。

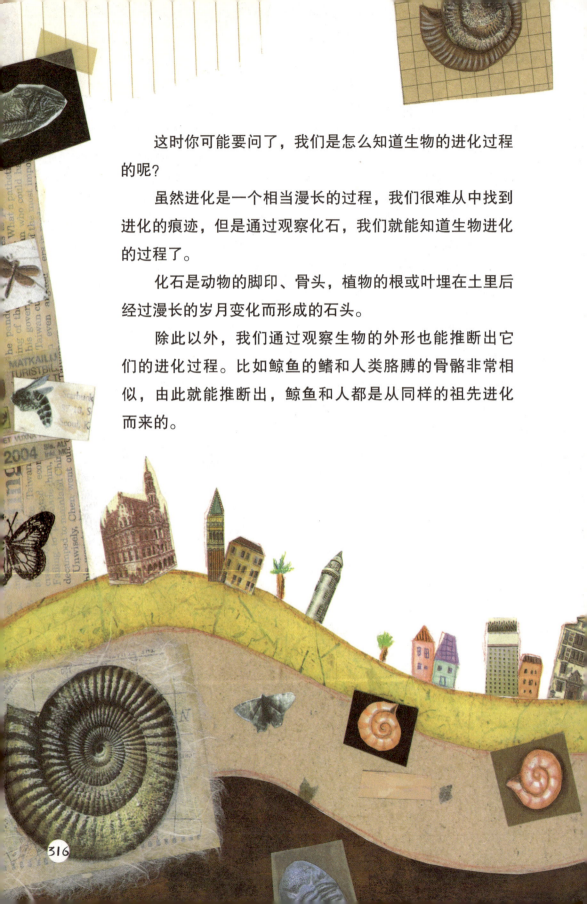

　　这时你可能要问了，我们是怎么知道生物的进化过程的呢？

　　虽然进化是一个相当漫长的过程，我们很难从中找到进化的痕迹，但是通过观察化石，我们就能知道生物进化的过程了。

　　化石是动物的脚印、骨头，植物的根或叶埋在土里后经过漫长的岁月变化而形成的石头。

　　除此以外，我们通过观察生物的外形也能推断出它们的进化过程。比如鲸鱼的鳍和人类胳膊的骨骼非常相似，由此就能推断出，鲸鱼和人都是从同样的祖先进化而来的。

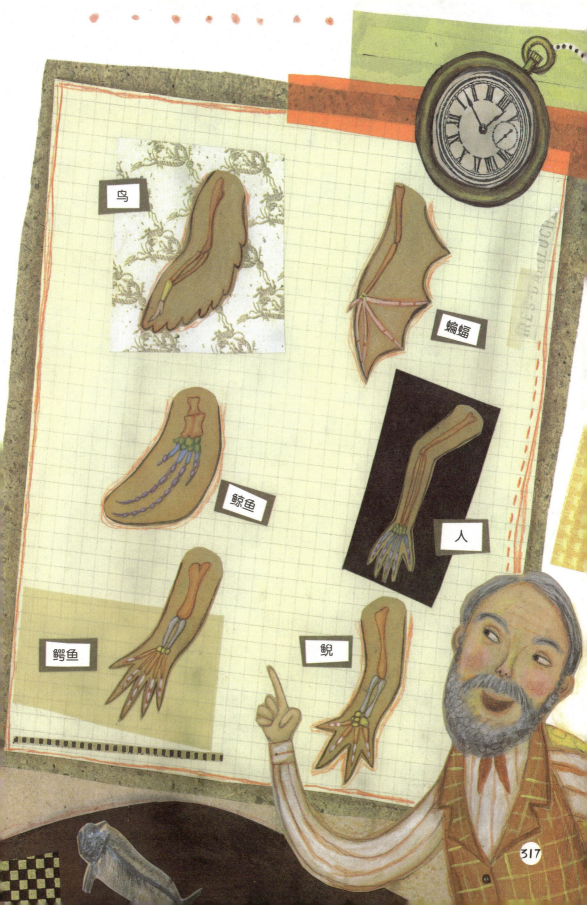

鸟

蝙蝠

鲸鱼

人

鳄鱼

鲵

蕨菜

水稻　木槿花　双子叶植物

被子植物

苏铁

单子叶植物

蒲公英

裸子植物

狗尾草

银杏

蕨类植物

秃鹫

蜻蜓

马

始祖鸟

狮子　草食动物

鸟类

昆虫类

麻雀

肉食动物

爬行类

喃乳类

恐龙

南方古猿　猴子

灵长类

鱼类

鲨鱼

鲢鱼

鳝鲦

黑猩猩

青蛙

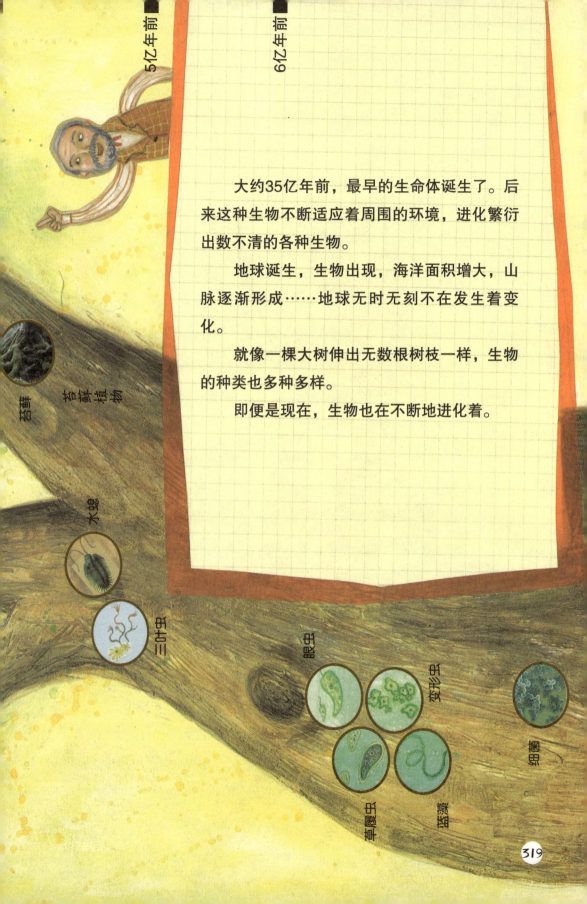

大约35亿年前，最早的生命体诞生了。后来这种生物不断适应着周围的环境，进化繁衍出数不清的各种生物。

地球诞生，生物出现，海洋面积增大，山脉逐渐形成……地球无时无刻不在发生着变化。

就像一棵大树伸出无数根树枝一样，生物的种类也多种多样。

即便是现在，生物也在不断地进化着。

苔藓

苔藓植物

水螅

三叶虫

眼虫

变形虫

草履虫

蓝藻

细菌

听完了我的讲述，你心中关于生命诞生和进化的谜团有没有解开？

一棵小草，一只蚂蚁，虽然看起来那么弱小，但是它们并不是微不足道的。

它们熬过了漫长的岁月，战胜了恶劣的环境，才进化成了今天的模样。

将来，随着时间的流逝，地球板块和气候还会不断发生变化，地球上的生物也会继续千变万化。

# 蝙蝠和鲸鱼都是哺乳类动物

哺乳类动物是指生下动物幼崽，并用乳汁哺育其长大的动物。它们用毛皮保护身体、维持体温，并用肺来呼吸。传说哺乳类动物是很久很久以前由与其很相似的爬行类动物进化而来的。让我们一起来看看哪些动物属于哺乳类动物吧。

### 蝙蝠是有翅膀的哺乳类动物

蝙蝠是一种会飞的哺乳类动物。它们长着翅膀，所以看起来和鸟类很像，但如果看它们的脸，长得又很像老鼠。从蝙蝠的骨骼结构和像鼩鼠一样的尖锐牙齿来看，蝙蝠应该是从鼩鼠等食虫目动物进化而来的。

蝙蝠是长得像鸟一样的哺乳类动物，倒悬在洞穴等黑暗避光的地方生活，其身体结构非常有利于飞翔。

### 鲸鱼是有鳍的哺乳类动物

鲸鱼在海里用肺呼吸，并通过诞下幼崽的方式繁衍，因此也属于哺乳类动物。据推测，鲸鱼最初在陆地上生活，后来才逐渐转移到大海中。在陆地上时，它们的身形可能与狗或猫相似，但随后的海洋生活使它们的皮肤光滑，拥有适于游泳的流线型"身材"。

鲸鱼是像鱼一样会游泳的哺乳类动物。为了适应水中的生活，它们的毛发逐渐消失，但皮下的脂肪层却非常厚。

# 空棘鱼是活化石

你相信吗？我们现在还能发现几十亿年前的生物呢！

其实，我们不但发现了很多早在远古时代就已经存在的动植物，还发现了一些几乎灭绝、数量极少的动物，这些动物被称作活化石。我们一起来看看哪些动物是活化石吧。

### 曾经灭亡的空棘鱼被人们再次发现

1938年，人们在南非共和国的海中捕到了一条鱼。这条鱼长相奇特，以前从没有人看见过。经鉴定，这原来是一条空棘鱼。这一发现立刻震惊了世界，因为据人们所知，空棘鱼早在5千万年前就已经灭绝了。后来在重金悬赏下，截至1952年，人们又逮到了100条左右的空棘鱼。

鹦鹉螺属于软体动物门头足纲，生活在印度洋和太平洋的珊瑚礁中。

## 现存数量极少的鹦鹉螺和海百合

鹦鹉螺生活在印度洋或太平洋的热带珊瑚礁中。最初，鹦鹉螺的外壳是直直伸长的，经过进化才逐渐弯曲成现在的螺旋形。鹦鹉螺被称为活化石，现仅存有6个种类。此外，最早产生于古生代、像植物一样有根又有茎的海百合，现在存活的数量也极少，也是名副其实的活化石。

人们以为空棘鱼早在5千万年前就已经灭绝了，没想到又在马达加斯加附近海域发现了它的身影。

# 达尔文小时候的故事

　　达尔文的母亲苏珊性格温柔，很有见识和教养。她经常利用自己种的花卉和果树，来培养达尔文对大自然的兴趣。每次孩子们一个劲儿地问问题的时候，她都会一一耐心地解答，希望他们永远保有一颗好奇心。达尔文在妈妈耐心和良好的教导下，对生物和奇妙的大自然产生了最初的兴趣。

　　1815年夏季的一天，苏珊带着达尔文兄妹俩在花园里玩耍。孩子们一会儿去摘花儿，一会儿去捉蝴蝶。

　　苏珊刚刚种上了几株小树苗。她铲起一撮乌黑的泥土，凑到鼻子前闻了闻。达尔文好奇地望着妈妈，问道："妈妈，您为什么要给小树苗栽土呢？"

　　"树苗要长大就需要泥土啊，你要长高个子不是也要吃东西吗？"

　　"对！就好像我需要妈妈，不能离开妈妈一样！"

　　苏珊开心地笑了："好好闻一闻，这是大自然的气息，是生命的气息呀！泥土虽然黑黑的不好看，可是没有它，世界上的东西都没法生存了。有了泥土，青青的小草才能长出来，牛啊羊啊就可以吃草长大了，于是我们就有了肉和奶作为食物；有了泥土，我们才能种小麦和稻子，我们才能吃上面包。"

达尔文的好奇心被勾起来了："泥土这么厉害，能不能长出小猫和小狗啊？"

苏珊听了之后，扑哧笑出声来："哈哈！小猫和小狗不是从土里长出来的，它们是从猫妈妈、狗妈妈肚子里生出来的。"

"是这样啊！我和妹妹是您生的，您是姥姥生的，对吗？"

"没错，所有的人都是他们的妈妈生出来的。"

"那么第一个做妈妈的人是谁，是谁把她生出来的呢？"

"亲爱的，世界上有很多事，都还是个谜，我们没有办法解答，所以我希望你长大以后可以努力学习，找到答案，做一个有出息、有学问的人。"

从这一天起，达尔文就开始思考生命从何而来这个问题。许多年以后，他真的找到了生命起源和进化的答案！

**达尔文这样说：**

乐观是希望的明灯，能够引导你从危险的峡谷中步向坦途，使你得到新的生命、新的希望，支持着你的理想永不泯灭。

我能成为一个科学家，最主要的原因是我对科学的爱好；我对思索问题的无限耐心；我在观察和搜集事实上的勤勉；我具有一种创造力和丰富的常识。

# 变化的地球对生物的影响

我们了解了地球上生物的进化过程，知道了什么是化石，以及化石形成的过程。一块小小的化石中蕴含着生物进化的许多秘密，让我们一起来看看吧。

## 氧气出现后，那些依赖氧气生存的生物也相继诞生

地球刚刚诞生时，大气中只有氢气和氦气，所以生物无法存活。随着时间的流逝，带有叶绿素的生物通过阳光进行光合作用制造出了氧气，大海里的二氧化碳也逐渐减少，氧气增多，这样，依靠氧气生存的生物就诞生了。

最初地球上只有氢气和氦气。随着细菌等微生物的出现，氧气也随之产生，由此越来越多的生物出现在了地球上。

### 生物随环境进化

现在我们生活的地球和刚刚诞生时的地球截然不同。在生物出现之前，地球一直在不断地变化着。随着地壳的移动，山脉和大海逐渐形成。地震和火山爆发，大海冰封或冰川融化，都对地球上的生物产生了很大的影响。只有那些为了适应周围环境而不断进化的生物才能存活下来。

地球是不断变化的。地壳的移动促使山脉形成，冰川融化使水面上升。生物们为了适应不断变化的环境，也在努力进化着。

## 通过化石发现进化的痕迹

我们很难知道发生在远古时代的事情，但我们可以通过那些曾经生活在地球上、后来埋藏在地下的动物的骨头和脚印，以及植物的根、茎、叶形成的化石来推测一二。在地下的位置越深，说明化石的年代越久。此外，我们还可以通过观察地球上现存的生物的外形，来推测其进化的过程。有些动物的外形虽然不同，但骨骼结构相似，我们就能依此判断出它们有可能是由同一祖先进化而来的。

这是很久以前埋藏在地下的树叶形成的化石。树叶化石上还清晰地保留着叶子的脉络。

实验室

# 生物是如何进化的？

　　生物随着时间的推移而不断变化。人的胳膊、鲸鱼的鳍和蝙蝠的翅膀外形各不相同，但它们都有着类似的骨骼结构。因此我们可以得出这样一个结论——它们都是从哺乳类动物进化而来的。下面就让我们一起来看看生物是如何随着时间的推移而进化的吧。

## 请准备好下列物品：

| 纸 | 铅笔 | 蜡笔 | 与进化有关的画或照片 |

## 一起来动手：

　　1.画出土地、山和大海，以及长在地上和山上的植物。注意地上和山上画的植物是同一种类的。

　　2.海水上升，有一部分土地被海水淹没了。

　　3.在比海面高、没有被海水淹没的地方长出了另外一种植物。

　　4.海水下降，被淹没的土地露出来，又连成了一片，长出了另外一种植物。

**1** 画出土地、山和大海，以及长在地上和山上的植物。注意地上和山上画的植物是同一种类的。

**2** 海水上升，有一部分土地被海水淹没了。

**3** 在比海面高、没有被海水淹没的地方长出了另外一种植物。

**4** 海水下降，被淹没的土地露出来，又连成了一片，长出了另外一种植物。

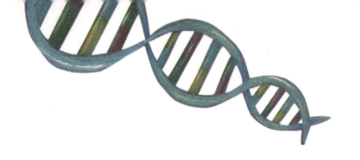

**实验结果：**

　　海水上升后，曾经的一整块土地被分割成两部分，陆地上和海下面长出了不同种类的植物。当海水下降，土地恢复原样后，地面上的植物就会变得不同了。

**为什么会这样？**

　　生物依靠环境生存，受日照量和土地含水量等多种因素的影响。曾经的一整块土地被海水分成两部分后，这两部分土地上生出的植物就要适应各自不同的环境生存下来，植物种类也因此丰富了起来。

今天我读了……

# ·推·荐·阅·读·

## 小学生实用成长小说系列

　　《小学生实用成长小说》系列旨在让小朋友养成爱学习、爱读书、善计划、懂节约的好习惯。每个孩子都具有自我成长的潜能，爱孩子就给他们自我成长的机会吧！让有趣的故事陪伴孩子一路思考，在欢笑中成长！

## 长大不容易——小鬼历险记系列

 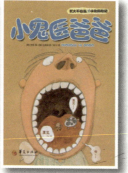

　　《长大不容易——小鬼历险记》系列讲述了淘气鬼闹闹从猫头鹰王国得到魔法斗篷，历尽千难万险，医治爸爸和拯救妈妈的故事。故事情节惊险刺激、引人入胜，能让小朋友充分拓展想象力，同时学到很多关于人体的知识。

## 小学生百科全书系列

　　《小学生百科全书》一套共有五册，分别为数学，美术、音乐、体育，科学，文化，世界史。内容生动活泼、丰富多样，并配有彩色插图，通俗易通，让小学生在阅读的过程中，既能吸收丰富的各类知识，又能得到无限的乐趣。